Python数据可视化之
Matplotlib与
Pyecharts

王国平 编著

清华大学出版社

北京

内 容 简 介

本书以某上市电商企业的客户数据、订单数据、股价数据为基础，由浅入深、循序渐进地介绍 Python 可视化技术，重点介绍 Matplotlib 与 Pyecharts 在数据可视化应用中的基本功能和使用技巧。全书以案例为主线，既包括软件的操作与应用，又融入了数据可视化的基础知识，绘图案例大多选自工作实践，可使读者真正掌握专业的可视化方法与技巧，提升数据分析的整体能力。本书配套资源包含案例采用的数据源文件、源代码和教学视频，供读者在阅读本书时进行操作练习和参考。

本书可作为管理、经济、社会人文等领域的人员学习 Python 软件进行大数据可视化分析的参考书，也可以作为大中专院校相关专业的教学用书或参考书。

图书在版编目（CIP）数据

Python 数据可视化之 Matplotlib 与 Pyecharts/王国平编著.— 北京：清华大学出版社，2020.5（2023.1重印）

ISBN 978-7-302-55355-7

Ⅰ．①P… Ⅱ．①王… Ⅲ．①软件工具－程序设计 Ⅳ．①TP311.561

中国版本图书馆 CIP 数据核字（2020）第 062130 号

责任编辑：王金柱
封面设计：王　翔
责任校对：闫秀华
责任印制：朱雨萌

出版发行：清华大学出版社
　　　网　　址：http://www.tup.com.cn，http://www.wqbook.com
　　　地　　址：北京清华大学学研大厦 A 座　　　　邮　　编：100084
　　　社 总 机：010- 83470000　　　　　　　　　　邮　　购：010-62786544
　　　投稿与读者服务：010-62776969，c-service@tup.tsinghua.edu.cn
　　　质量反馈：010-62772015，zhiliang@tup.tsinghua.edu.cn
印 装 者：三河市君旺印务有限公司
经　　销：全国新华书店
开　　本：190mm×260mm　　　印　　张：16.25　　　字　　数：416 千字
版　　次：2020 年 6 月第 1 版　　　　　　　　　　印　　次：2023 年 1 月第 4 次印刷
定　　价：68.00 元

产品编号：085521-01

前　言

"让每个人都成为数据分析师"是大数据时代的要求，数据可视化技术的出现恰恰从侧面缓解了专业数据分析人才的缺乏。Tableau、Microsoft、IBM 等 IT 厂商纷纷加入数据可视化的阵营，在降低数据分析门槛的同时，为分析结果提供了更炫的展现效果。

但是，这些可视化工具存在不足之处，其中比较大的缺点是视图定制化水平有限，不能根据分析师的想法进行个性化定制。Python 中的部分包恰好弥补了这个不足。Python 是开源免费、简单易学、用途广泛的编程语言。本书将围绕如何使用 Python 对大数据进行可视化这一话题展开，希望能对正在选型中的个人和企业有所帮助。

研究表明人类大脑处理图形的速度要比文字快几万倍，如何将海量的数据转换成可视化的图形是数据分析的必修课。Matplotlib 和 Pyecharts 是 Python 中常用的两个可视化库，其功能强大，可以方便地绘制折线图、条形图、柱形图、散点图等基础图形，还可以绘制复杂的图形，如日历图、树形图、聚类图等。

Matplotlib 是 Python 数据可视化库的泰斗，尽管已有十多年的历史，但仍然是 Python 社区中使用广泛的绘图库，它的设计与 Matlab 非常相似，提供了一整套和 Matlab 相似的命令 API，适合交互式制图，还可以将它作为绘图控件，嵌入其他应用程序中。

Pyecharts 是一款将 Python 与 Echarts 相结合的数据可视化工具，可以高度灵活地配置，轻松搭配出精美的视图。其中，Echarts 是百度开源的一个数据可视化库，而 Pyecharts 将 Echarts 与 Python 进行有机对接，方便在 Python 中直接生成各种美观的图形。

本书首先介绍大数据可视化分析的一些基础知识和主要技术，然后通过实际案例重点讲解 Matplotlib 和 Pyecharts 在数据可视化分析过程中的技巧及方法，包括图形参数设置、绘制基本图形、绘制高级图形等。希望本书的出版能够改变目前国内市场相关图书匮乏，而且书中案例较少的现状。

本书由浅入深、循序渐进地介绍 Python 可视化技术，并且结合案例重点介绍 Python 在数据可视化方面的应用和使用技巧。全书以案例为主线，既介绍软件应用与操作的方法和技巧，又融入了可视化的基础知识，使读者通过学习本书能够轻松掌握可视化的方法。下载资源中包含每个案例采用的数据源文件，供读者在阅读本书时进行操作练习。

本书可作为管理、经济、社会人文等相关从业人员学习 Python 软件进行大数据可视化分析的参考书，也可以作为高校计算机相关专业本科生、研究生的教材或教学参考书。

截至 2019 年 11 月，Matplotlib 的版本为 3.1.1，Pyecharts 的版本为 1.5.1。本书正是基于以上版本编写的，全面且详细地介绍它们在数据可视化分析中的应用。

本书主要内容

第一部分（第 1~5 章）介绍大数据可视化基础。

第 1 章介绍大数据可视化的技术挑战、技术难点以及可视化工具的必备特性。

第 2 章介绍 Hadoop 集群的安装及配置、集群案例数据集以及连接集群的工具。

第 3 章介绍大数据可视化软件 Tableau、Zeppelin 和 Python 及其可视化案例。

第 4 章介绍 Python 环境的安装、如何搭建代码开发环境以及如何连接各类数据源。

第 5 章介绍 Python 主要的数据可视化库，如 Matplotlib、Pyecharts、Seaborn 等。

第二部分（第 6~8 章）介绍 Matplotlib 数据可视化。

第 6 章介绍 Matplotlib 的图形参数设置，如线条、坐标轴、图例等。

第 7 章介绍使用 Matplotlib 绘制基础图形，如直方图、饼图、散点图等。

第 8 章介绍使用 Matplotlib 绘制高级图形，如树形图、误差条形图等。

第三部分（第 9~12 章）介绍 Pyecharts 数据可视化。

第 9 章介绍 Pyecharts 的图形参数配置，如全局配置项和系列配置项。

第 10 章介绍使用 Pyecharts 绘制常用视图，如折线图、条形图、箱形图等。

第 11 章介绍使用 Pyecharts 绘制高级视图，如日历图、仪表盘、环形图等。

第 12 章通过实际案例介绍 Pyecharts 与 Django 的集成，包括 Django 框架等。

本书的特色

（1）精心构建的学习体系

本书为读者构建了一个科学合理、循序渐进的学习体系，首先介绍如何构建 Hadoop 集群，并导入企业数据案例集，以方便后续的上机演练；然后介绍如何运用 Matplotlib 和 Pyecharts 可视化工具实现数据可视化；最后介绍如何在 Web 上展示自己的数据。代码注释详细，解说步骤清晰，十分易于上手。

（2）学以致用，马上提升职场竞争力

全书以某上市电商企业的客户数据、订单数据、股价数据为基础进行讲解，所有案例基本上都围绕该企业的数据可视化展开，如销售额的分析、商品收益率的分析、利润额的分析、客户教育水平的分析、企业股价变动分析等，有的放矢，掌握专业技能，并应对工作需求。

（3）以案例为主线，提供丰富的配书资源

全书以案例为主线，既包括软件的操作方法与应用技巧，又融入了数据可视化的基础知识。为了方便读者使用本书，还提供了源代码、PPT 课件和教学视频，读者扫描本书提供的二维码即可下载，可随时随地观看，大幅提升学习效率。

源代码、教学视频与 PPT 课件下载

为了方便读者更好地使用本书，本书还免费提供了以下资源：

源文件与程序代码：读者扫描右侧的二维码下载后直接调用即可上机演练。

PPT 教学课件：方便培训或教学使用，同样，读者可扫描右侧的二维码下载。

教学视频：读者扫描本书各章提供的二维码即可在移动设备上观看，随时随地学习，充分利用碎片时间。

如果下载有问题或需要技术支持，请联系 booksaga@126.com，邮件主题为"Python 数据可视化之 Matplotlib 与 Pyecharts"。

本书的读者对象

本书的内容和案例适用于互联网、电商、咨询等行业数据分析用户以及媒体、网站等数据可视化用户，可供高等院校相关专业的学生以及从事大数据可视化的研究者参考使用，也可作为 Python 软件培训和自学的教材。

由于编者水平有限，书中难免存在错误和不妥之处，请广大读者批评指正。

编 者
2020 年 1 月

目 录

第二部分 Matplotlib 数据可视化

第一部分
大数据可视化基础

　　本部分我们将介绍大数据可视化技术的基础知识，包括大数据开发环境的搭建、常见的大数据可视化工具、Python 可视化编程基础以及 Python 中几个重要的可视化分析库。

　　由于本书后续的可视化分析是基于 Hadoop 集群讲解的，因此我们首先需要搭建集群，然后简单介绍集群的一些基础知识和案例数据集，以及几种连接 Hadoop Hive 的图形界面工具，并且通过实际案例介绍 Tableau、Zeppelin 和 Python 三类大数据常用的可视化工具。此外，还将讲解 Python 的一些基础知识，包括软件的安装、代码开发环境、如何访问常见的数据源以及 Python 中几类比较重要的可视化库。

第1章

大数据可视化概述

"让每个人都成为数据分析师"是大数据时代的要求，数据可视化技术的出现恰恰从侧面缓解了专业数据分析人才的缺乏。Tableau、Microsoft、IBM 等 IT 厂商纷纷加入数据可视化的阵营，在降低数据分析门槛的同时，为分析结果提供了更炫的展现效果。

1.1 大数据时代的技术挑战

大数据的出现正在引发全球范围内技术与商业变革的深刻变化。在技术领域，以往更多依靠模型的方法，现在可以借用规模庞大的数据，用基于统计的方法，使语音识别、机器翻译等技术在大数据时代取得了突破性的进展。

既有技术架构和路线已经无法高效处理海量的数据。对于相关企业组织来说，如果投入巨大而采集的信息无法及时处理与反馈，就会得不偿失。可以说，大数据时代对人类的数据驾驭能力提出了新挑战，也为人们获得更为深刻、全面的洞察能力提供了前所未有的空间。

大数据时代主要有以下 4 个技术挑战：

第一个挑战是数据量大。

大数据的起始计量单位是 PB（1000TB）、EB（100 万 TB）或 ZB（10 亿 TB）。目前，企业面临数据量的大规模增长，预测到 2020 年，全球数据量将扩大 50 倍。如今，大数据的规模尚在不断变化，单一数据集的规模范围从几十 TB 到数 PB 不等。导致我们无法通过目前主流的软件工具收集、管理、处理数据并整理成为帮助企业达到经营决策目的的资讯。

第二个挑战是数据类型繁多。

包括网络日志、音频、视频、图片、地理位置信息等，多种类型的数据对数据处理能力提出了更高要求。数据多样性的增加主要由新型多结构数据和多种数据类型（包括网络日志、社交媒体、互联网搜索、手机通话记录及传感器数据等）造成。其中，越来越多的传感器被安装在火车、汽车和飞机上，每个传感器都增加了数据的多样性。

第三个挑战是数据价值密度低。

大数据结构非常复杂，有结构化的，也有非结构化的，增长速度飞快，单条数据的价值密度极低。此外，随着物联网的广泛应用，信息感知无处不在。信息海量，但价值密度较低，如何通过强大的机器算法迅速地完成数据的价值"提纯"，是大数据时代亟待解决的难题。

第四个挑战是高速性。

描述的是数据被创建和移动的速度。在高速网络时代，通过实现软件性能优化的高速计算机处理器和服务器创建实时数据流已成为流行趋势。企业不仅需要了解如何快速创建数据，还必须知道如何将数据快速处理、分析并返回给用户，以满足用户的实时需求。

1.2　数据可视化的技术难点

大数据具有多层结构，意味着会呈现多变的形式和类型。相较于传统的业务数据，大数据存在不规则和模糊不清的特性，造成很难甚至无法使用传统应用软件进行分析。传统业务数据随着时间的演变已经拥有标准的格式，能够被标准商务智能软件识别。目前，企业面临的挑战是处理并从各种形式呈现的复杂数据中挖掘价值。

传统数据可视化工具仅将数据加以组合，通过不同展现方式提供给用户，用于发现数据之间的关联信息。近年来，随着云和大数据时代的来临，数据可视化产品已经不再满足于使用传统数据可视化工具对数据仓库中的数据抽取、归纳并简单地展现。新型数据可视化产品必须满足互联网爆发的大数据需求，必须快速收集、筛选、分析、归纳、展现决策者所需要的信息，并根据新增数据进行实时更新，这是大数据可视化的技术难点。

大数据技术的有效可视化不应该只是为管理层绘制漂亮的图片。专家表示，企业可通过考虑布局、迭代设计、吸引用户和了解业务需求来改善结果。开展数据可视化项目的企业提供了以下几个注意事项：

（1）了解业务。分析之前与业务人员进行深入沟通，了解他们希望获取什么信息。在构思不同的仪表板时，应该始终考虑最终用户，如管理层、分析师、IT 人员和业务人员希望从不同类型的可视化分析中获取什么，只有这样，大数据的可视化才有实际价值。

（2）注重个性化。应该确保仪表板向最终用户显示个性化信息，以及为最终用户提供离线访问，这将让可视化走得更长远。注意仪表板就像一本书，它需要考虑用户的实际需求，而不仅仅是强制列出所有可访问的数据。

（3）尽可能简化。由于大数据可视化工具的功能非常丰富，因此通常会导致分析师构建过于复杂的可视化图表，导致难以收集可行的见解，优秀的分析师应尽可能简化可视化，确保最终产品不是徒有炫酷外表而不能满足实际需求。

（4）从用户角度。应该使用颜色、形状、大小和布局来显示可视化的设计和使用。用颜色来突出希望用户关注的方面，而大小可以有效地说明数量，但过多使用可能会导致混乱，应该有选择地使用这些元素。

（5）选择合适的方法。不同的情况需要采用不同的可视化方法。例如，许多数据可视化专家不建议使用饼图，这是因为人眼和头脑可以更容易地测量长度或位置之间的差异，而很难识别角度差异。

1.3　可视化工具的必备特性

数据可视化的历史可以追溯到 20 世纪 50 年代计算机图形学的早期，人们利用计算机创建了首批图形图表。到了 1987 年，一篇题目为"Visualization in Scientific Computing"（科学计算中的可视化，即科学可视化）的报告成为数据可视化领域发展的里程碑，它强调了基于计算机可视化技术新方法的必要性。

随着人类采集的数据种类和数量的增长、计算机运算能力的提升，越来越多高级计算机图形学技术与方法应用于处理和可视化这些规模庞大的数据集。20 世纪 90 年代初期，"信息可视化"成为新的研究领域，旨在为许多应用领域对于抽象异质性数据集的分析工作提供支持。

当前，数据可视化是一个既包含科学可视化又包含信息可视化的新概念。数据可视化是可视化技术在非空间数据上的新应用，使得人们不再局限于通过关系数据表观察和分析数据信息，还能以更直观的方式看到数据与数据之间的结构关系。

数据可视化是关于数据视觉表现形式的研究。这种数据视觉表现形式被定义为一种以某种概要形式抽取出来的信息，包括相应信息单位的各种属性和变量。

在大数据时代，数据可视化工具必须具备以下 4 个特性：

- **实时性**：数据可视化工具必须适应大数据时代数据量爆炸式增长的需求，必须快速收集、分析数据，并对数据信息进行实时更新。
- **简单操作**：数据可视化工具满足快速开发、易于操作的特性，能满足互联网时代信息多变的特点。
- **更丰富的展现**：数据可视化工具需要具有更丰富的展现方式，能充分满足数据展现的多维度要求。
- **多种数据集成支持方式**：数据的来源不局限于数据库，数据可视化工具将支持团队协作数据、数据仓库、文本等多种方式，并能够通过互联网进行展现。

数据可视化的思想是将数据库中每一个数据项作为单个图元元素，通过抽取的数据构成数据图像，同时将数据的各个属性值加以组合，并以多维数据的形式通过图表、三维等方式展现数据之间的关联信息，使用户能从不同维度和不同组合对数据库中的数据进行观察，从而对数据进行更深入的分析和挖掘。

第 2 章

搭建大数据开发环境

本书的可视化分析是基于 Hadoop 集群展开的，因此首先需要搭建集群，我们这里基于 3 台虚拟机搭建了一个由 3 个节点（master、slave1、slave2）构成的 Hadoop 完全分布式集群，节点安装的操作系统为 CentOS 6.5，Hadoop 版本选择 2.5.2。

本章将简单介绍一些 Hadoop 集群的基础知识，包括集群中存储的案例数据集，以及几种常用的连接集群的图形界面工具。

2.1 集群的安装及网络配置

2.1.1 Hadoop 集群概述

Hadoop 在 2006 年成为雅虎项目，随后晋升为顶级 Apache 开源项目。它是一种通用的分布式系统基础架构，具有多个组件：Hadoop 分布式文件系统（Hadoop Distributed File System，HDFS），将文件以 Hadoop 本机格式存储并在集群中并行化；YARN，协调应用程序运行时的调度程序；MapReduce，实际并行处理数据的算法。此外，通过一个 Thrift 客户端，用户可以编写 MapReduce 或者 Python 代码，本书就是使用 Python 对集群中的数据进行可视化分析的。

Hadoop 分布式文件系统是一种文件系统实现，类似于 NTFS、EXT3、EXT4 等，它将存储在集群中的文件分成块，每块默认为 64MB，比一般文件系统块大得多，并分布在多台机器上，每块又会有多块冗余备份（默认为 3），以增强文件系统的容错能力，在具体实现中主要有以下几个部分：

（1）名称节点（NameNode）

名称节点的职责在于存储整个文件系统的元数据，这是一个非常重要的角色。元数据在集群启动时会加载到内存中，元数据的改变也会写到磁盘的系统映像文件中，同时还会维护对元数据的编辑日志。HDFS 存储文件时是将文件划分成逻辑上的块存储的，对应关系都存储在名称节点上，如果有损坏，整个集群的数据就会不可用。

我们可以采取一些措施备份名称节点的元数据，例如将名称节点目录同时设置到本地目录和一个 NFS 目录，这样任何元数据的改变都会写入两个位置进行冗余备份，使得使用中的名称节点关机后，可以使用 NFS 上的备份文件恢复文件系统。

（2）第二名称节点（SecondaryNameNode）

这个角色的作用是定期通过编辑日志合并命名空间映像，防止编辑日志过大。不过第二名称节点的状态滞后于主名称节点，如果主名称节点突然关闭，那么必定会有一些文件损失。

（3）数据节点（DataNode）

这是 HDFS 中具体存储数据的地方，一般有多台机器。除了提供存储服务外，还定时向名称节点发送存储的块列表。名称节点没有必要永久保存每个文件、每个块所在的数据节点，这些信息会在系统启动后由数据节点重建。

Hadoop 一般采用 MapReduce 计算框架，在系统架构上，它是一种主从架构，由一个单独的 JobTracker 节点和多个 TaskTracker 节点共同组成，核心是将任务分解成小任务，由不同计算者同时参与计算，并将各个计算者的计算结果合并，得出最终结果。模型本身非常简单，一般只需要实现两个接口即可，关键在于怎样将实际问题转化为 MapReduce 任务。

Hadoop 的 MapReduce 主要由以下两部分组成：

（1）作业跟踪节点（JobTracker）

负责调度构成一个作业的所有任务，这些任务分布在不同的 TaskTracker 节点上，监控它们的执行，以及重新执行已经失败的任务等。

（2）任务跟踪节点（TaskTracker）

负责具体的任务执行。TaskTracker 通过"心跳"的方式告知 JobTracker 其状态，并由 JobTracker 根据报告的状态为其分配任务。TaskTracker 会启动一个新 JVM 运行任务，当然 JVM 实例也可以被重用。

Hadoop 在大数据领域的应用前景很大，不过因为是开源技术，实际应用过程中存在很多问题。于是出现了各种 Hadoop 发行版，国外目前主要有 3 家创业公司在做这项业务：Cloudera、Hortonworks 和 MapR。

Cloudera 和 MapR 的发行版是收费的，它们基于开源技术，提高了稳定性，同时强化了一些功能，定制化程度较高，核心技术是不公开的，收入主要来自软件。Hortonworks 则走向另一条路，它将核心技术完全公开，用于推动 Hadoop 社区的发展。这样做的好处是，如果开源技术有很大提升，他们的受益就会很大，因为定制化程度较少，自身不会受到技术提升的冲击。

2.1.2　集群软件及其版本

本书使用的 Hadoop 集群是基于 3 台虚拟机搭建的，它是由 3 个节点（master、slave1、slave2）构成的 Hadoop 完全分布式集群，节点使用的操作系统为 CentOS 6.5，Hadoop 版本为 2.5.2。

　　首先，需要下载并安装 VMware，这里我们选择的是 VMware Workstation Pro 15.1.0，这是一款先进的虚拟化软件，能够提高生产效率，是为各类用户设计的桌面虚拟化解决方案，是开展业务不可或缺的利器，具体安装过程可参考网上的相关教程，这里不进行介绍。

　　然后，我们需要下载并安装 CentOS 6.5 系统。CentOS 是一个基于 Red Hat Linux 提供的可自由使用源代码的企业级 Linux 发行版本，每个版本的 CentOS 都会获得 10 年的支持。具体安装过程可参考网上的相关教程，这里也不进行具体介绍。

　　本书使用的 Hadoop 集群上安装的软件及其版本如下：

```
apache-hive-1.2.2-bin.tar.gz
hadoop-2.5.2.tar.gz
jdk-7u71-linux-x64.tar.gz
mysql-5.7.20-linux-glibc2.12-x86_64.tar.gz
scala-2.10.4.tgz
spark-1.4.0-bin-hadoop2.4.tgz
sqoop-1.4.6.bin__hadoop-2.0.4-alpha.tar.gz
zeppelin-0.7.3-bin-all.tgz
```

　　其中，集群主节点 master 上安装的软件如下：

```
apache-hive-1.2.2
hadoop-2.5.2
jdk-7u71
mysql-5.7.20
scala-2.10.4
spark-1.4.0
sqoop-1.4.6
zeppelin-0.7.3
```

　　集群主节点/etc/profile 文件的配置如下：

```
export  JAVA_HOME=/usr/java/jdk1.7.0_71/
export  HADOOP_HOME=/home/dong/hadoop-2.5.2
export  SCALA_HOME=/home/dong/scala-2.10.4
export  SPARK_HOME=/home/dong/spark-1.4.0-bin-hadoop2.4
export  HIVE_HOME=/home/dong/apache-hive-1.2.2-bin
export  SQOOP_HOME=/home/dong/sqoop-1.4.6.bin__hadoop-2.0.4-alpha
export  PYTHONPATH=/home/dong/spark-1.4.0-bin-hadoop2.4/Python
export  RPATH=/home/dong/spark-1.4.0-bin-hadoop2.4/R
export  ZEPPELIN_HOME=/home/dong/zeppelin-0.7.3-bin-all
export
PATH=$HADOOP_HOME/bin:$HADOOP_HOME/sbin:$SCALA_HOME/bin:$JAVA_HOME/bin:$SPARK_
HOME/bin:$HIVE_HOME/bin:$SQOOP_HOME/bin:/usr/local/mysql/bin:$ZEPPELIN_HOME/bi
n:$PATH
```

　　此外，集群两个从节点 slave1 与 slave2 上安装的软件如下：

```
hadoop-2.5.2
jdk-7u71
scala-2.10.4
spark-1.4.0
```

集群两个从节点/etc/profile 文件的配置如下：

```
export  JAVA_HOME=/usr/java/jdk1.7.0_71/
export  HADOOP_HOME=/home/dong/hadoop-2.5.2
export  SCALA_HOME=/home/dong/scala-2.10.4
export  SPARK_HOME=/home/dong/spark-1.4.0-bin-hadoop2.4
export  PYTHONPATH=/home/dong/spark-1.4.0-bin-hadoop2.4/Python
export  RPATH=/home/dong/spark-1.4.0-bin-hadoop2.4/R
export
PATH=$HADOOP_HOME/bin:$HADOOP_HOME/sbin:$SCALA_HOME/bin:$JAVA_HOME/bin:$SPARK_
HOME/bin:$PATH
```

2.1.3 集群网络环境配置

为了使得集群既能相互之间进行通信，又能够进行外网通信，需要为节点添加网卡，上网方式均采用桥接模式，外网 IP 设置为自动获取，通过此网卡进行外网访问，配置应该按照当前主机的上网方式进行合理配置，如果不与主机通信，上网方式就可以采用 NAT，这样选取默认配置就行，内网 IP 设置为静态 IP。

1. 配置集群节点网络

Hadoop 集群各节点的网络 IP 配置如下：

```
master: 192.168.1.7
slave1: 192.168.1.8
slave2: 192.168.1.9
```

下面给出固定 master 虚拟机 IP 地址的方法，slave1 和 slave2 与此类似：

```
vi /etc/sysconfig/network-scripts/ifcfg-eth0
TYPE="Ethernet"
UUID="b8bbe721-56db-426c-b1c8-38d33c5fa61d"
ONBOOT="yes"
NM_CONTROLLED="yes"
BOOTPROTO="static"
IPADDR=192.168.1.7
NETMASK=255.255.255.0
GATEWAY=192.168.1.1
DNS1=192.168.1.1
DNS2=114.144.114.114
```

　　为了不直接使用 IP，可以通过设置 hosts 文件达到 3 个节点之间相互登录的效果，3 个节点的设置都相同。配置 hosts 文件，在文件尾部添加如下行，保存后退出：

```
vi /etc/hosts
192.168.1.7 master
192.168.1.8 slave1
192.168.1.9 slave2
```

2. 关闭防火墙和 SELinux

　　为了节点间的正常通信，需要关闭防火墙，3 个节点的设置相同，集群处于局域网中，因此关闭防火墙一般不会存在安全隐患。

　　查看防火墙状态的命令：

```
service iptables status
```

　　防火墙即时生效，重启后复原，命令如下：

　　开启：service iptables start。
　　关闭：service iptables stop。

　　如果需要永久性生效，重启后不会复原，命令如下：

　　开启：chkconfig iptables on。
　　关闭：chkconfig iptables off。

　　关闭 SELinux 的方法：

　　临时关闭 SELinux：setenforce 0。
　　临时打开 SELinux：setenforce 1。
　　查看 SELinux 的状态：getenforce。

　　开机关闭 SELinux：

　　编辑/etc/selinux/config 文件，将 SELinux 的值设置为 disabled，下次开机 SELinux 就不会启动了。

3. 免密钥登录设置

　　设置 master 节点和两个 slave 节点之间的双向 SSH 免密通信。下面以 master 节点 SSH 免密登录 slave 节点设置为例，进行 SSH 设置介绍（以下操作均在 master 机器上操作）。

　　（1）首先生成 master 的 rsa 密钥：$ssh-keygen -t rsa。
　　（2）设置全部采用默认值，按回车键。
　　（3）将生成的 rsa 追加写入授权文件：$cat ~/.ssh/id_rsa.pub >> ~/.ssh/authorized_keys。
　　（4）给授权文件权限：$chmod 600　~/.ssh/authorized_keys。
　　（5）进行本机 SSH 测试：$ssh maste r。正常免密登录后，所有的 SSH 第一次登录都需要密码，此后都不需要密码。

（6）将 master 上的 authorized_keys 传到 slave1 和 slave2：

```
scp ~/.ssh/authorized_keys root@slave1:~/.ssh/authorized_keys
scp ~/.ssh/authorized_keys root@slave2:~/.ssh/authorized_keys
```

（7）登录 slave1 的操作：$ssh slave1，输入密码登录。

（8）退出 slave1：$exit。

（9）进行免密 SSH 登录测试：$ssh slave1。

（10）同理，登录 slave2 进行相同的操作。

2.2　集群案例数据集简介

本节以某上市电商企业的客户数据、订单数据、股价数据为基础进行数据可视化的讲解，当然实际工作中的数据分析需求应该更加繁杂，但是我们可以先结合业务背景将需求整理成相应的指标，然后抽取出数据，再应用本书中介绍的数据可视化方法，从而实现我们的可视化分析需求。

2.2.1　数据字段说明

我们选取该上市电商企业的客户数据、订单数据、股价数据中的部分指标作为分析的字段，分别存储在 customers、orders 和 stocks 三张表中。下面逐一进行说明。

客户表 customers 包含客户属性的基本信息，例如客户 ID、性别、年龄、学历、职业等 12 个字段，具体见表 2-1。

表 2-1　客户表字段说明

序　号	变　量　名	说　明
1	cust_id	客户 ID
2	gender	性别
3	age	年龄
4	education	学历
5	occupation	职业
6	income	收入
7	telephone	手机号码
8	marital	婚姻状况
9	email	邮箱地址
10	address	家庭地址
11	retire	是否退休
12	custcat	客户等级

订单表 orders 包含客户订单的基本信息，例如订单 ID、订单日期、门店名称、支付方式、发货日期等 24 个字段，具体见表 2-2。

表 2-2　订单表字段说明

序　号	变 量 名	说　明
1	order_id	订单 ID
2	order_date	订单日期
3	store_name	门店名称
4	pay_method	支付方式
5	deliver_date	发货日期
6	planned_days	计划发货天数
7	cust_id	客户 ID
8	cust_name	姓名
9	cust_type	类型
10	city	城市
11	province	省市
12	region	地区
13	product_id	产品 ID
14	product	产品名称
15	category	类别
16	subcategory	子类别
17	sales	销售额
18	amount	数量
19	discount	折扣
20	profit	利润额
21	manager	销售经理
22	return	是否退回

股价表 stocks 包含 A 企业近 3 年来股价的走势信息，包含交易日期、开盘价、最高价、最低价、收盘价等 7 个字段，具体见表 2-3。

表 2-3　股价表字段说明

序　号	变 量 名	说　明
1	trade_date	交易日期
2	open	开盘价
3	high	最高价
4	low	最低价
5	close	收盘价
6	adj_close	复权收盘价
7	volume	成交量

2.2.2　数据导入说明

企业的客户表、订单表和股价表的指标及数据都整理好后，接下来的工作就是将数据导入 Hadoop 集群中，这个过程分成两步：新建表和导入数据。注意这个过程都是在 Hive 中进行的，所以需要启动 Hadoop 集群和 Hive。

在新建表之前需要先新建数据库，SQL 语句如下：

```
create database sales;
```

然后通过 use sales 语句使用 sales 数据库，再使用下面的 3 条 SQL 语句创建 customers、orders 和 stocks 三张表：

```
create table customers(cust_id string,gender string,age int,education
string,occupation string,income string,telephone string,marital string,email
string,address string,retire string,custcat string) row format delimited fields
terminated by ',';
create table orders(order_id string,order_date string,store_name
string,pay_method string,deliver_date string,planned_days int,cust_id
string,cust_name string,cust_type string,city string,province string,region
string,product_id string,product string,category string,subcategory string,sales
float,amount int,discount float,profit float,manager string,return int)
partitioned by (dt string) row format delimited fields terminated by ',';
create table stocks(trade_date string,open float,high float,low float,close
float,adj_close float,volume int) row format delimited fields terminated by ',';
```

注意，由于企业的订单数据一般较多，因此我们将 orders 表定义成了分区表，分区字段是年份 dt，而 customers 表和 stocks 表都是非分区表。如果想深入了解分区表与非分区表的区别与联系，可以参阅相关大数据的图书。

表创建完成后，需要将数据导入相应的表中，在 Hive 中可以通过 load data 命令实现，例如导入 customers 表中的数据的命令如下：

```
load data local inpath '/home/dong/sales/customers.txt' overwrite into table
customers;
```

当然，也可以使用 Sqoop 中的 sqoop import 命令实现，这里就不进行详细介绍了。

对于分区表数据的导入，这个过程相对比较复杂，可以通过 insert 语句将非分区表的数据插入分区表中的方式实现，两张表的表结构要一致。例如，orders_1 存储的是 2019 年的订单数据，需要将其导入 orders 表中，SQL 语句为：

```
insert into table orders partition(dt) select
order_id,order_date,store_name,pay_method,deliver_date,planned_days,cust_id,cu
st_name,cust_type,city,province,region,product_id,product,category,subcategory
,sales,amount,discount,profit,manager,return,dt from orders_1 where dt=2019;
```

其他年份的数据也可以通过类似的方法导入 orders 表，注意在导入完成后需要验证一下数据是否正常导入，可以选择一种后面将要介绍的连接 Hive 的图形界面工具或者 Hive 的查询数据命令。

2.2.3　运行环境说明

现在大数据比较火热，企业的数据基本都存放在 Hadoop 环境中。因此，为了更好地贴近实际工作，使读者学以致用，本书中使用的案例数据也存放在 Hadoop 集群中，一个主节点、两个从节点的虚拟环境。当然，这个环境和企业的真实环境可能有一定的差异，例如数据量的问题等，读者可以结合实际情况对代码进行适当的修改。

此外，对于 Hadoop 环境的搭建，具体的搭建过程比较复杂，由于篇幅所限，这里就不详细介绍，毕竟本书的重点是介绍大数据环境下的数据可视化技术，读者可以参考网络上的资料或相关图书，只要懂一些 Linux 的基础命令操作，并花费一定的时间，基本都可以成功搭建。

2.3　连接 Hive 的图形界面工具

在日常工作中，为什么使用客户端界面工具而不用命令行使用 Hive 呢？原因是通过界面工具查看分析 Hive 中的数据要方便很多，业务人员没有权限通过命令行连接 Hive，领导喜欢在界面工具上查看 Hive 中的数据。

本节讲解如何通过数据库客户端界面工具 DBeaver、Oracle SQL Developer、DbVisualizer 和 SQuirrel SQL Client 等工具连接 Hadoop 集群的 Hive 数据库。

2.3.1　DBeaver

DBeaver 是一个通用的数据库管理工具和 SQL 客户端，支持 MySQL、Oracle、DB2、MSSQL、Hive 等数据库，它提供一个图形界面用来查看表结构、执行查询、导出数据等。

连接 Hadoop 集群 Hive 的工具还有很多，推荐使用 DBeaver 的原因是 DBeaver 简单易用，支持各种关系型数据库，还有就是 DBeaver 的快捷键和 Eclipse 一样，比如注释、删除、复制等操作。

1. 下载和安装 DBeaver

DBeaver 分为社区版和企业版，其中社区版是免费的，可以在官网上下载最新的社区版 DBeaver，下载地址：https://dbeaver.io/download/，这里下载的是 Windows 64 位免安装社区版，如图 2-1 所示，读者可以根据实际情况下载对应版本。

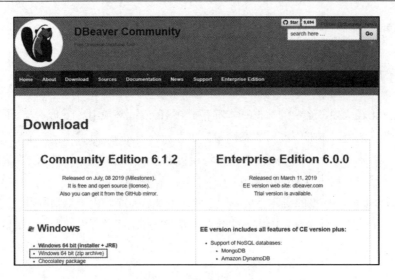

图 2-1　下载 DBeaver

由于笔者下载的是免安装版，因此解压后，直接单击 dbeaver.exe 就可以使用。

2. 启动 Hadoop 集群

测试连接前先启动 Hadoop 和 Hive 的相关服务。

（1）启动 Hadoop 集群。

（2）启动 Hive，如果想远程连接 Hive，那么还需要启动 hiveserver2。

（3）创建 Hive 测试表，如果已经有了，就可以省略。

3. 连接集群的具体步骤

DBeaver 连接关系型数据库比较简单，但是连接 Hive 要下载和配置驱动程序，过程相对比较复杂。下面介绍连接 Hive 的具体步骤。

步骤 01　新建数据库连接。打开 DBeaver，在界面中依次单击"文件"→"新建"→"数据库连接"，然后单击"下一步"按钮，如图 2-2 所示。

图 2-2　选择向导

步骤 **02** 选择新连接类型。这里我们选择 Apache Hive，单击"下一步"按钮，如图 2-3 所示。从这里看到，DBeaver 支持的数据库类型是很丰富的。

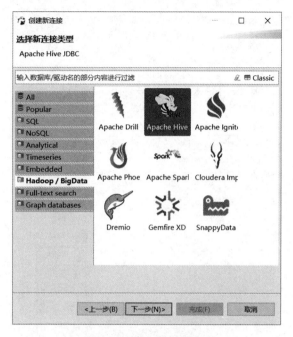

图 2-3　选择新连接类型

步骤 **03** 通用 JDBC 连接设置。在常规界面，填写 JDBC URL、主机、端口、数据库/模式、用户名和密码等信息，如图 2-4 所示。

图 2-4　通用 JDBC 连接设置

步骤 **04** 编辑驱动设置。单击"编辑驱动设置"按钮，在 URL 模板中根据 Hadoop 集群的权限配置添加相应的设置项，这里我们添加 auth=noSasl，然后单击"添加工件"按钮，如图 2-5 所示。

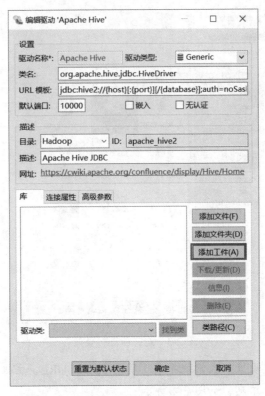

图 2-5 添加工件

步骤 05 配置 maven 依赖。默认 Hive 的驱动版本是最新的 RELEASE，由于集群的 Hive 版本是 1.2.2，因此需要手动增加驱动。

下面分别配置 Hive 和 Hadoop 的驱动。首先我们配置 Hive 的驱动，在 Group Id 中输入"org.apache.hive"，在 Artifact Id 中输入"hive-jdbc"，在版本中输入集群对应的版本"1.2.2"，如图 2-6 所示。

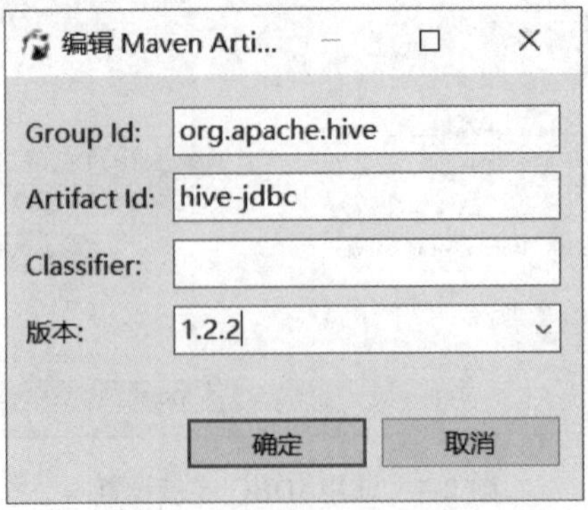

图 2-6 配置 Hive 驱动

接下来配置 Hadoop 的驱动，在 Group Id 中输入"org.apache.hadoop"，在 Artifact Id 中输入"hadoop-core"，在版本中使用默认值"RELEASE"，如图 2-7 所示。

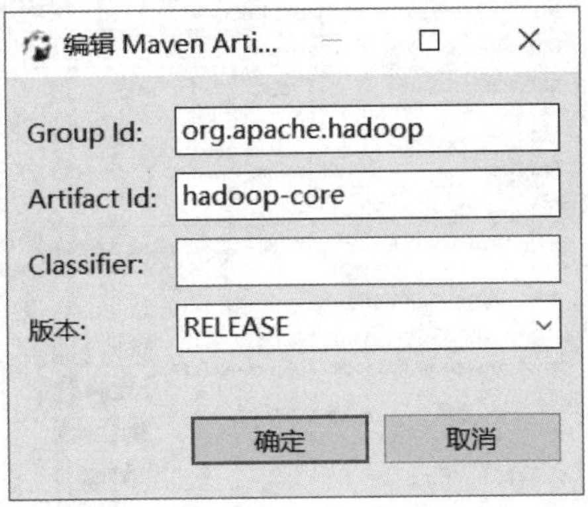

图 2-7　配置 Hadoop 驱动

然后，单击"下载/更新"按钮，将会自动下载 Hive 和 Hadoop 的驱动程序，如图 2-8 所示。

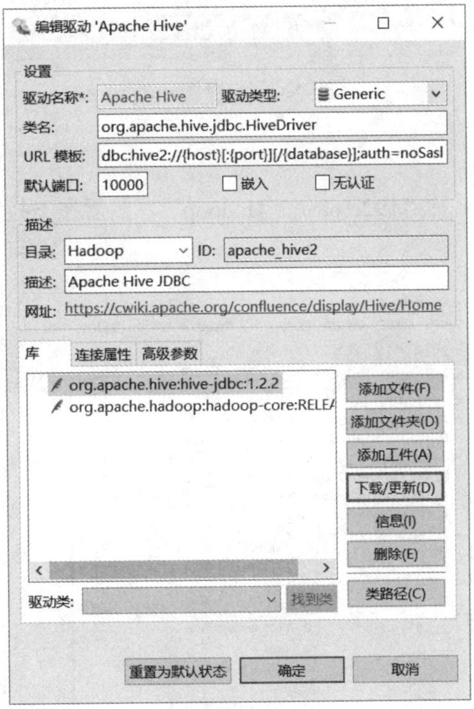

图 2-8　下载更新驱动

单击界面最下方的"找到类"按钮并选择"org.apache.hive.jdbc.HiveDriver"，上方的类名会自动补齐，如图 2-9 所示。

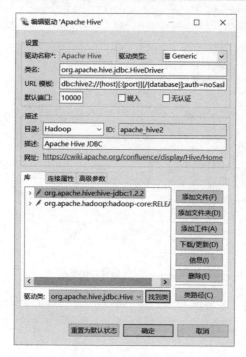

图 2-9 配置驱动类

4. 测试连接是否正常

首先，需要右击连接的名称"192.168.1.7_Hadoop"，然后在下拉菜单中选择"编辑 连接"选项，如图 2-10 所示。

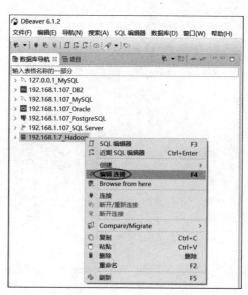

图 2-10 编辑 连接

在连接配置界面，选择"连接设置"选项，输入 JDBC URL、主机、数据库/模式、用户名和密码等信息，如图 2-11 所示。

单击"测试链接"按钮，如果弹出如图 2-12 所示的成功信息，就说明 Hive 正常连接，否则需要检查连接设置，并重新进行连接过程。

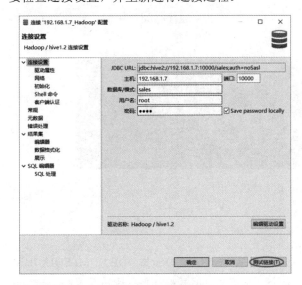

图 2-11 连接配置 　　　　　　　　　　　　图 2-12 连接成功

5. 不同职业客户平均年龄分布

我们可以在 SQL 界面输入想要执行的语句，例如我们要统计客户中不同职业的平均年龄，SQL 语句为"select occupation,round(avg(age),2) as avg_cust from customers group by occupation;"，SQL 语句的执行结果如图 2-13 所示。

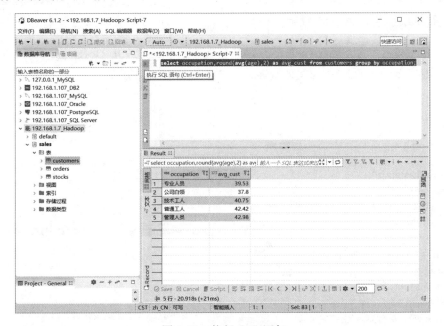

图 2-13 执行 SQL 语句

从结果可以看出：A 企业客户中，管理人员的平均年龄为 42.98 岁，普通工人的平均年龄为 42.42

岁，技术工人的平均年龄为 40.75 岁，专业人员的平均年龄为 39.53 岁，公司白领的平均年龄为 37.8
岁，不同职业客户的平均年龄差异比较明显。

此外，在 Hadoop 集群会显示 SQL 语句的具体执行过程以及运行时间，集群总计花费了 3 秒
170 毫秒，如图 2-14 所示。

```
Starting Job = job_1566113139239_0006, Tracking URL = http://master:18088/proxy/application_1566113139239_0006/
Kill Command = /home/dong/hadoop-2.5.2/bin/hadoop job  -kill job_1566113139239_0006
Hadoop job information for Stage-1: number of mappers: 1; number of reducers: 1
2019-08-18 18:14:36,690 Stage-1 map = 0%,  reduce = 0%
2019-08-18 18:14:43,075 Stage-1 map = 100%,  reduce = 0%, Cumulative CPU 1.41 sec
2019-08-18 18:14:49,354 Stage-1 map = 100%,  reduce = 100%, Cumulative CPU 3.17 sec
MapReduce Total cumulative CPU time: 3 seconds 170 msec
Ended Job = job_1566113139239_0006
MapReduce Jobs Launched:
Stage-Stage-1: Map: 1  Reduce: 1   Cumulative CPU: 3.17 sec   HDFS Read: 117676 HDFS Write: 154 SUCCESS
Total MapReduce CPU Time Spent: 3 seconds 170 msec
OK
```

图 2-14　Hadoop 集群执行过程

2.3.2　Oracle SQL Developer

Oracle SQL Developer 支持常见的数据库类型，包括 MySQL、Oracle、DB2、MSSQL、Hive
等数据库，前提是要导入相应数据库的 JAR 包，而且是免费的，主要难点是下载和配置 Oracle SQL
Developer 和 Hive 的 JAR 包，具体步骤如下：

步骤 01 下载和安装 Oracle SQL Developer。首先需要到 Oracle 官网下载 Oracle SQL Developer，
下载之前需要注册 Oracle 账户。

步骤 02 准备连接的 JAR 包。使用 Oracle SQL Developer 连接 Hive 之前，需要找到集群 Hive
对应版本 JDBC 连接的 JAR 包，由于集群的 Hive 版本是 Apache Hive 1.2.2，因此需
要的 JAR 包如图 2-15 所示。

准备工作完成后，将连接 Hive 需要的 JAR 包上传到 Oracle SQL Developer→"工具"→"首
选项"→"数据库"→"第三方 JDBC 驱动程序"下，如图 2-16 所示。

图 2-15　需要的 JAR 包　　　　　　　　　　图 2-16　第三方 JDBC 驱动程序

步骤 03 配置 Oracle SQL Developer。关闭并重启 Oracle SQL Developer，重启后新建 Hive 连接，如图 2-17 所示，如果出现 Hive 选项，就证明配置成功，如图 2-18 所示。

图 2-17　新建连接

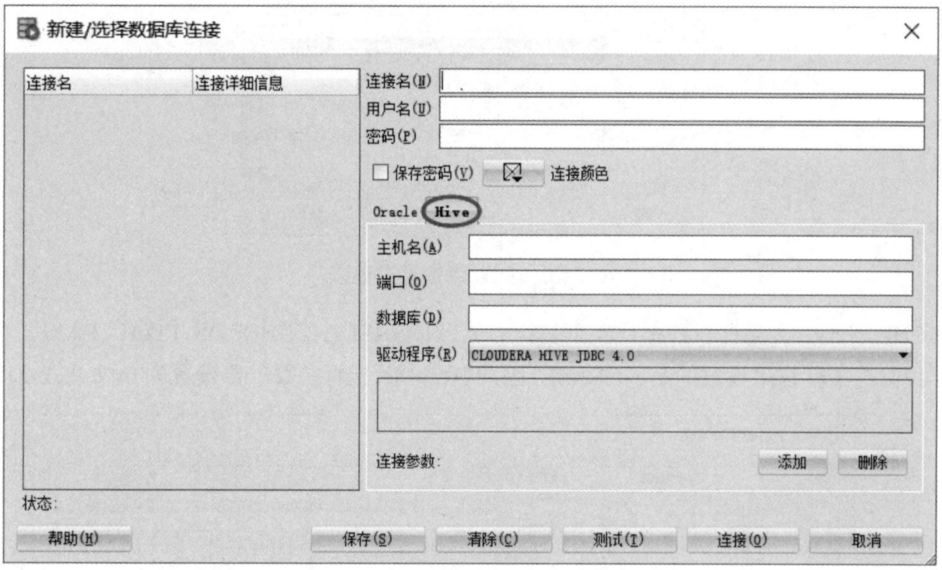

图 2-18　Hive 连接界面

配置相关连接参数，包括连接名、用户名、密码、主机名、端口、数据库和驱动程序，如图 2-19 所示。

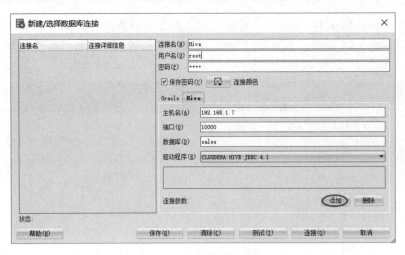

图 2-19　配置连接参数

此外，还需要配置 Hive 的连接参数，单击"连接参数"后的"添加"按钮，弹出"添加参数"对话框，如图 2-20 所示。

图 2-20　配置连接类型参数

目前 HiveServer 2 支持多种用户安全认证方式：NOSASL、KERBEROS、LDAP、PAM、CUSTOM 等。由于我们的集群权限设置的是 NOSASL，因此 AuthMech 的参数需要设置为 0，如图 2-21 所示。

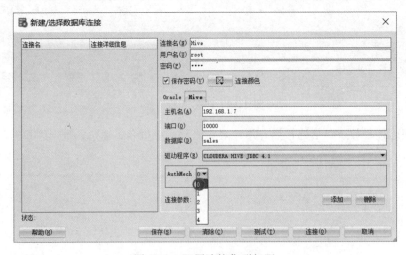

图 2-21　配置连接集群权限

步骤 04 测试配置是否正常。单击"保存"按钮，软件将保存连接的配置，如图 2-22 所示。注意在测试之前需要开启 Hadoop 集群以及 HiveServer 2。

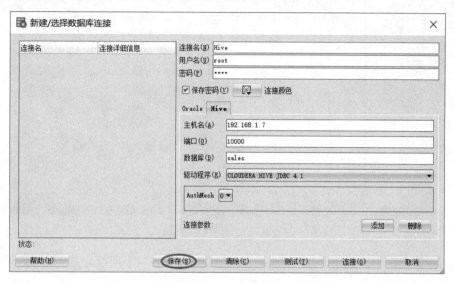

图 2-22 保存连接

我们还可以单击"测试"按钮，检查是否可以正常连接 Hive，如果弹出如图 2-23 所示的对话框，就说明可以正常连接，否则需要重新配置连接过程。

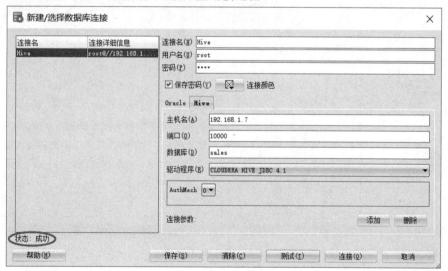

图 2-23 测试连接

步骤 05 不同教育背景客户平均年龄分布。在图 2-24 中左侧单击配置好的 Hive 连接，连接成功后，我们可以在连接下查看数据库和数据库中的表。

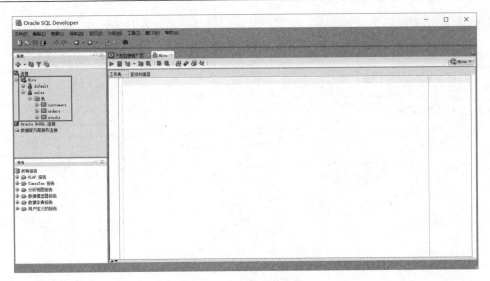

图 2-24　查看数据库和表

我们可以在界面中输入想要执行的语句，例如要统计客户中不同教育背景的平均年龄分布，SQL 语句为 "select education,round(avg(age),2) as avg_cust from customers group by education;"，SQL 语句执行结果如图 2-25 所示。

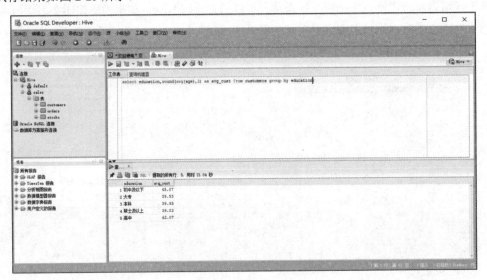

图 2-25　执行 SQL 语句

从结果可以看出：初中及以下的平均年龄为 45.87 岁，高中的平均年龄为 42.07 岁，本科的平均年龄为 39.93 岁，硕士及以上的平均年龄为 39.83 岁，大专的平均年龄为 39.53 岁，不同教育背景客户的平均年龄差异比较明显。

2.3.3　DbVisualizer

DbVisualizer 是基于 JDBC 的跨平台数据库操作工具，可以快速连接需要的数据库，包括

MySQL、Oracle、DB2、MSSQL、Hive 等数据库，连接 Hive 的具体步骤如下：

步骤 01 下载和安装 DbVisualizer。我们可以到 DbVisualizer 的官网下载，地址是 http://www.dbvis.com/，这里下载的是 DbVisualizer 10.0 版本，如图 2-26 所示。具体的安装步骤比较简单，选择默认安装即可，这里不进行详细介绍。

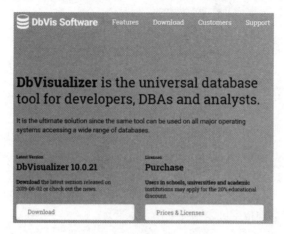

图 2-26　下载 DbVisualizer

步骤 02 准备连接的 JAR 包。在 DbVisualizer 的安装目录下有一个专门存放驱动的 jdbc 文件夹，在该文件夹下新建 hive 文件夹，如图 2-27 所示。

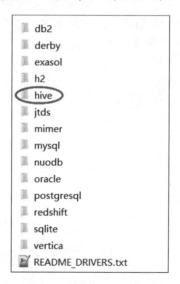

图 2-27　新建 hive 文件夹

复制 Hadoop 集群的相关 JAR 包文件到新建的 hive 文件夹中，具体的包如图 2-28 所示。

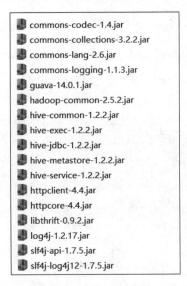

图 2-28 添加依赖的包

图 2-28 中的 JAR 包分别位于以下文件夹中：

- hadoop-2.5.2/share/hadoop/common/hadoop-common-2.7.5.jar
- hadoop-2.5.2/share/hadoop/common/lib/
- apache-hive-1.2.2-bin/lib

步骤 03 配置 DbVisualizer。打开 DbVisualizer，此时会自动加载刚才添加的 JAR 包，也可以在 Tools/Driver Manager 中配置，如图 2-29 所示。

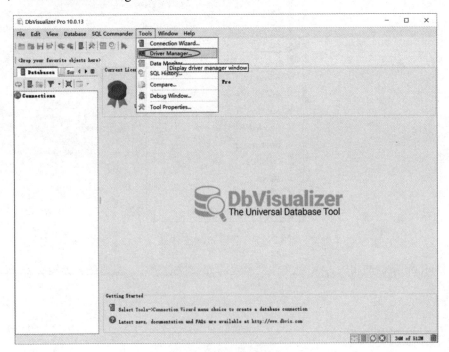

图 2-29 加载依赖的包

加载 Hive 的 JAR 包结果如图 2-30 所示，可以根据需要进行核查和修改等。

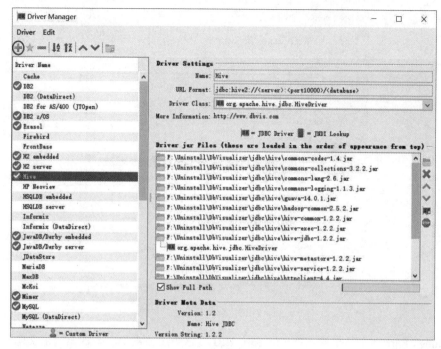

图 2-30 核查依赖的包

步骤 **04** 测试配置是否正常。关闭 DbVisualizer，然后重新打开 DbVisualizer，弹出 New Connection Wizard 对话框，如图 2-31 所示。

图 2-31 添加新的连接

输入连接的名称，再单击 Next 按钮，弹出选择数据库驱动界面，这里我们选择 Hive，单击

Next 按钮，如图 2-32 所示。

图 2-32 选择连接名

在 Settings Format 下拉框中选择 Database URL，这个比较重要，否则无法正常连接 Hive，如图 2-33 所示。

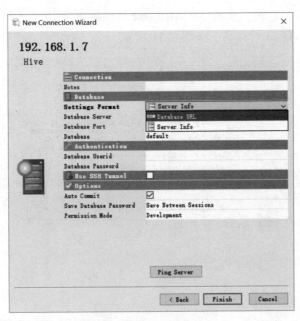

图 2-33 选择连接方式

然后，在 Database URL 中输入"jdbc:hive2://192.168.1.7:10000/sales;auth=noSasl"，分别在 Database Userid 和 Database Password 中输入账户和密码，如图 2-34 所示。

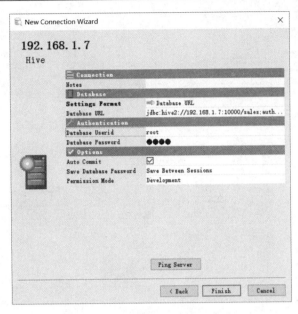

图 2-34　配置连接参数

步骤 05　不同性别客户平均年龄分布。单击图 2-34 中的 Finish 按钮，如果弹出如图 2-35 所示的界面，就说明正常连接 Hive，该界面显示 Hadoop 集群中的数据库和表。

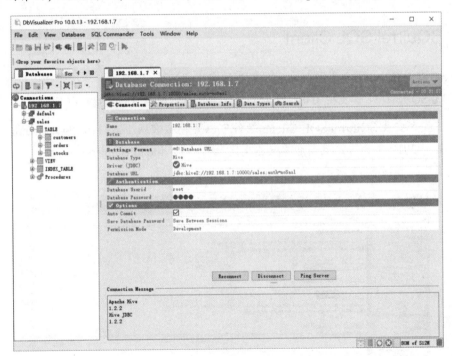

图 2-35　查看数据库和表

我们可以在界面中输入想要执行的语句，例如要统计不同性别客户的平均年龄分布，SQL 语句为 "select gender,round(avg(age),2) as avg_cust from customers group by gender;"，SQL 语句执行结果如图 2-36 所示。

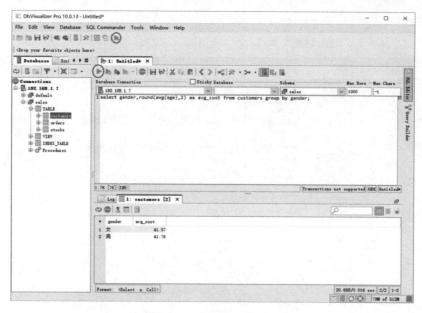

图 2-36　执行 SQL 语句

从结果可以看出：男性客户的平均年龄为 41.76 岁，女性客户的平均年龄为 41.57 岁，不同类型客户的平均年龄差异不是很明显。

2.3.4　SQuirrel SQL Client

SQuirrel SQL Client 是一个用 Java 写的数据库客户端工具，它通过一个统一的用户界面来操作 MySQL、MSSQL、Hive 等支持 JDBC 访问的数据库，具体连接 Hive 的步骤如下：

步骤01 下载和安装 SQuirrel SQL Client。软件可以直接从官网下载：http://www.squirrelsql.org，截至 2019 年 8 月，最新版本为 3.9.1，单击 Download SQuirreL SQL Client 链接进行下载，如图 2-37 所示。

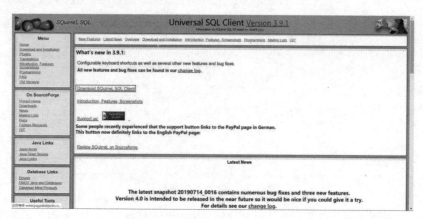

图 2-37　下载 SQuirrel SQL Client

SQuirreL SQL Client 有安装版本和免安装版本，我们这里选择的是免安装版本，单击 Plain zips

the latest release for Windows/Linux/MacOS X/others 链接进行下载，如图 2-38 所示。

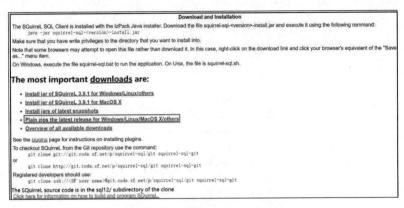

图 2-38　选择免安装版本

然后，选择 squirrelsql-3.9.1-optional.zip，该版本可以根据需要添加数据库的驱动扩展，如图 2-39 所示。

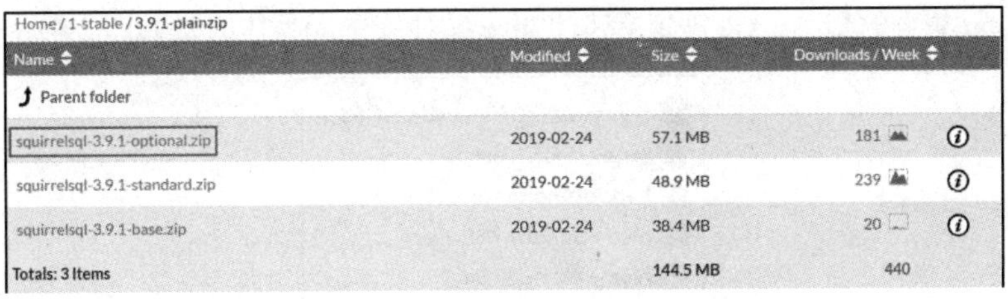

图 2-39　选择驱动可扩展版本

下载完成后，解压该文件，在文件夹中双击 squirrel-sql.bat，第一次打开 SQuirreL SQL Client，界面是空白的，如图 2-40 所示。

图 2-40　打开 SQuirreL SQL Client

步骤 **02** 准备连接的 JAR 包。在 SQuirrel 的安装目录下新建 hive 文件夹，如图 2-41 所示。

图 2-41　新建 hive 文件夹

复制 Hadoop 集群的相关 JAR 包到新建的 hive 文件夹中，具体的包如图 2-42 所示。

图 2-42　配置连接 JAR 包

图 2-42 中的 JAR 包分别位于以下文件夹中：

● hadoop-2.5.2/share/hadoop/common/hadoop-common-2.7.5.jar

● hadoop-2.5.2/share/hadoop/common/lib/

● apache-hive-1.2.2-bin/lib

步骤 **03** 配置 SQuirrel SQL Client。连接 Hive 数据库，首先配置数据库连接的驱动类型，选择界面左侧的 Drivers，然后单击"+"按钮，如图 2-43 所示。

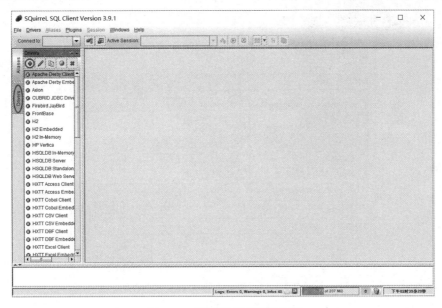

图 2-43 配置数据库驱动类型

在配置界面，Name 可以随意填写，这里输入"hive"，Example URL 是连接集群的重要信息，根据实际情况填写，这里输入"jdbc:hive2://192.168.1.7:10000/sales;auth=noSasl"，即通过 JDBC 连接 HiveServer 2，后面是服务器地址、端口、数据库及授权方式，Website URL 可以不用填写。然后选择 Hive 连接所需要的 JAR 包，切换至 Extra Class Path 选项卡，再单击 Add 按钮，如图 2-44 所示。

图 2-44 配置数据库参数

打开 SQuirrel 安装目录下新建的 hive 文件夹，选择 Hive 连接所需要的 JAR 包，然后单击"打开"按钮,如图 2-45 所示。

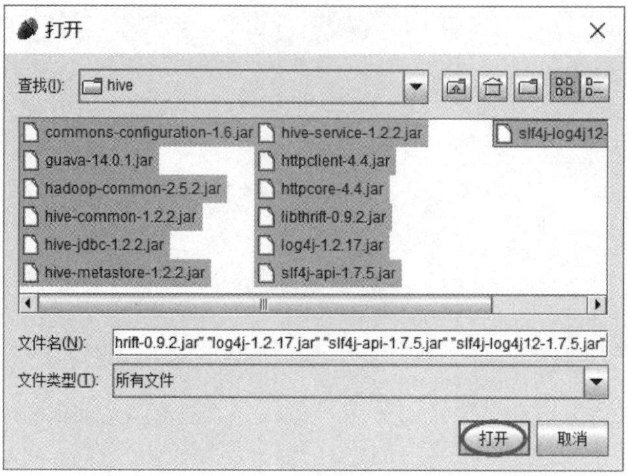

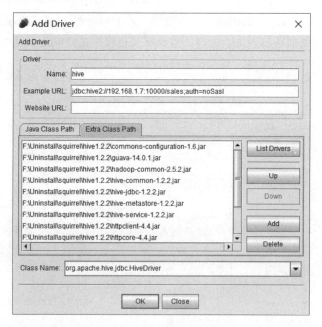

图 2-45 选择连接的 JAR 包

在 Class Name 选项中输入"org.apache.hive.jdbc.HiveDriver",然后单击 OK 按钮,如图 2-46 所示,Hive 驱动程序的配置过程到此结束。

图 2-46 配置类名

步骤 04 测试配置是否正常。配置完成后,需要测试配置是否正确,选择界面左侧的 Aliases,
单击"+"按钮,如图 2-47 所示。

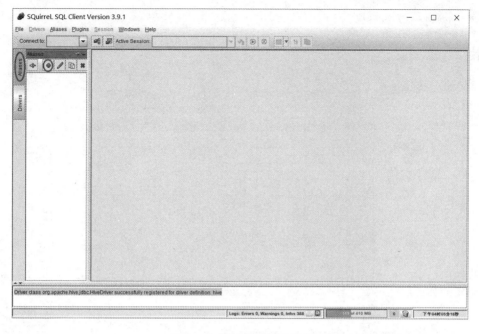

图 2-47　测试配置是否正确

在弹出的连接对话框中，Name 即连接的名称，可以随意填写，这里输入服务器的地址"192.168.1.7"，在 Driver 下拉框中选择我们配置好的 hive，输入连接所需要的 URL、User Name 和 Password，最后单击 Test 按钮，弹出连接信息对话框，单击 Connect 按钮，如果弹出 Connection successful，就说明成功连接 Hive，如图 2-48 所示。

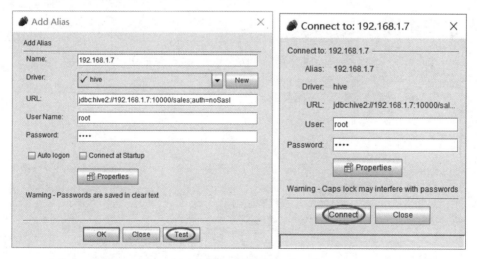

图 2-48　配置连接参数

步骤 05　不同类型客户平均年龄分布。在图 2-49 左侧单击配置好的 Hive 连接，连接成功后，可以在 Objects 下查看数据库和数据库中的表。

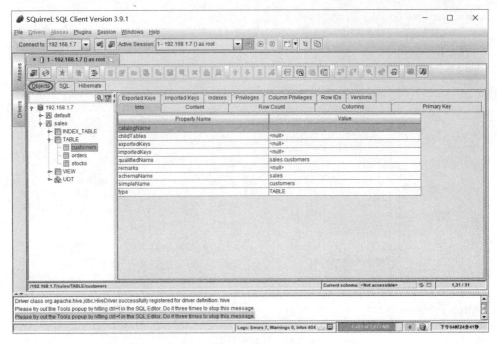

图 2-49　查看数据库和表

我们可以在界面中输入想要执行的语句，例如要统计不同价值类型客户的平均年龄分布，SQL
语句为"select custcat,round(avg(age),2) as avg_cust from customers group by custcat;"，SQL 语句执
行结果如图 2-50 所示。

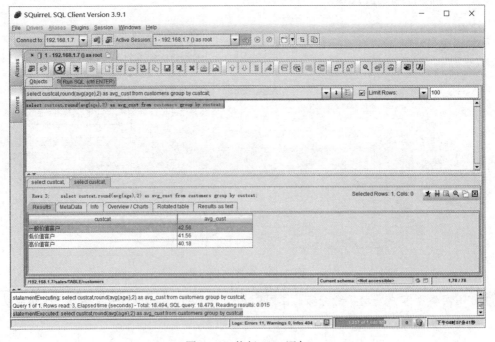

图 2-50　执行 SQL 语句

从结果可以看出：一般价值客户的平均年龄为 42.56 岁，低价值客户的平均年龄为 41.56 岁，高价值客户的平均年龄为 40.18 岁，不同类型客户的平均年龄差异不是很明显。

此外，在 Hadoop 集群会显示 SQL 语句的具体执行过程以及运行时间，集群总计花费了 3 秒 270 毫秒，如图 2-51 所示。

```
Starting Job = job_1566113139239_0005, Tracking URL = http://master:18088/proxy/application_1566113139239_0005/
Kill Command = /home/dong/hadoop-2.5.2/bin/hadoop job  -kill job_1566113139239_0005
Hadoop job information for Stage-1: number of mappers: 1; number of reducers: 1
2019-08-18 16:33:13,924 Stage-1 map = 0%,  reduce = 0%
2019-08-18 16:33:20,162 Stage-1 map = 100%,  reduce = 0%, Cumulative CPU 1.46 sec
2019-08-18 16:33:26,393 Stage-1 map = 100%,  reduce = 100%, Cumulative CPU 3.27 sec
MapReduce Total cumulative CPU time: 3 seconds 270 msec
Ended Job = job_1566113139239_0005
MapReduce Jobs Launched:
Stage-Stage-1: Map: 1  Reduce: 1   Cumulative CPU: 3.27 sec   HDFS Read: 117658 HDFS Write: 117 SUCCESS
Total MapReduce CPU Time Spent: 3 seconds 270 msec
OK
```

图 2-51　Hadoop 执行过程

第3章

大数据可视化工具

本章将通过某上市电商企业的客户数据、订单数据、股价数据详细介绍 Tableau、Zeppelin 和 Python 三类大数据常用可视化工具，包括如何连接到 Hive 和 Spark。

3.1 Tableau

3.1.1 Tableau 简介

Tableau 公司成立于 2003 年，是由斯坦福大学的 3 位校友 Christian Chabot（首席执行官）、Chris Stole（开发总监）以及 Pat Hanrahan（首席科学家）在远离硅谷的西雅图注册成立的。其中，Chris Stole 是计算机博士；Pat Hanrahan 是皮克斯动画工作室的创始成员之一，曾负责视觉特效渲染软件的开发，两度获得奥斯卡最佳科学技术奖，至今仍在斯坦福担任教授职位，教授计算机图形课程。

Tableau 公司主要面向企业数据提供可视化服务，是一家商业智能软件提供商。企业运用 Tableau 授权的数据可视化软件对数据进行处理和展示，不过 Tableau 的商品并不局限于企业，其他机构甚至个人都能很好地运用 Tableau 软件进行数据分析工作。Tableau 在抢占细分市场，也就是大数据处理末端的可视化市场，目前市场上并没有太多这样的商品。

Tableau 系列包含 7 种工具：Tableau Desktop、Tableau Prep、Tableau Online、Tableau Server、Tableau Public、Tableau Mobile、Tableau Reader，其中可以连接 Hadoop 平台的工具是 Tableau Desktop。"所有人都能学会的业务分析工具"是 Tableau 官方网站上对 Tableau Desktop 的描述。确实，Tableau Desktop 非常简单易用，这也是该软件的最大特点。使用者不需要精通复杂的编程和统计原理，只需要把数据直接拖曳到工作簿中，通过一些简单的设置就可以得到想要的可视化图形。

　　Tableau Desktop 的学习成本很低，使用者可以快速上手，这无疑对日渐追求高效率和成本控制的企业来说具有巨大吸引力，特别适合日常工作中需要绘制大量报表、经常进行数据分析或需要制作图表的人使用。简单、易用并没有妨碍 Tableau Desktop 拥有强大的性能，它不仅能完成基本的统计预测和趋势预测，还能实现数据源的动态更新。Tableau Desktop 的开始界面如图 3-1 所示。

图 3-1　Tableau Desktop 的开始界面

　　Tableau Desktop 不同于 SPSS，SPSS 作为统计分析软件，比较偏重于统计分析，使用者需要有一定的数理统计基础，虽然功能强大且操作简单、友好，但输出的图表与办公软件的兼容性及交互方面有所欠缺。Tableau Desktop 是一款专业的数据可视化软件，用来辅助人们进行视觉化思考，并没有 SPSS 强大的统计分析功能。

　　总之，快速、易用、可视化是 Tableau Desktop 最大的特点，能够满足大多数企业、政府机构数据分析和展示的需要，以及部分大学、研究机构可视化项目的要求，而且特别适合企业使用，毕竟 Tableau 自己的定位是业务分析和商业智能。在简单、易用的同时，Tableau Desktop 极其高效，数据引擎的速度极快，处理上亿行数据只需几秒就可以得到结果，用其绘制报表的速度也比程序员制作传统报表快 10 倍以上。

3.1.2　Tableau 连接 Hive

　　Tableau 连接 Hadoop 集群的方法与 MS Power BI 类似，驱动程序可以通用。下面我们通过分析不同类型客户的平均年龄的案例详细介绍如何通过 Tableau 连接 Hive，并对集群中的数据表进行可视化分析，具体步骤如下：

步骤 01　打开 Tableau Desktop 软件，然后找到 Hive 的对应连接接口，这里我们选择 "更多" 下的 Hortonworks Hadoop Hive 选项，如图 3-2 所示。

图 3-2 选择数据源

步骤 **02** 在弹出的界面中输入 Hadoop 集群的服务器地址和服务器登录信息，服务器登录信息
包括身份验证方式、传输方式、用户名和密码等，然后单击"登录"按钮，如图 3-3
所示。

图 3-3 输入连接参数

步骤 **03** 在 Tableau 的数据源界面，需要选择架构（数据库），在搜索框中输入"sales"，这
是我们需要分析的数据所在的数据库名，然后单击界面右侧的"搜索"按钮，并选择
合适的匹配模式，这里选择"精确"单选按钮，如图 3-4 所示。

图 3-4　选择架构

步骤 04 在搜索框中输入需要分析的表，如果是多个表，就需要重复操作，由于只需要分析客户表，因此输入 "customers"，然后单击右侧的 "搜索" 按钮，并选择合适的匹配模式，这里选择 "精确" 单选按钮，如图 3-5 所示。

图 3-5　搜索需要连接的表

步骤 05 在搜索框下方将会显示 customers 表，可以将其拖曳到右侧相应的区域，为后续可视化分析做准备，如图 3-6 所示。

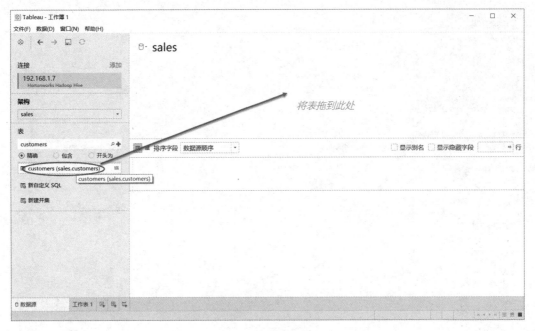

图 3-6　拖曳需要连接的表

步骤 06　查看界面右下方的 customers 表中的数据是否有异常，如果没有异常，就单击界面左下方的"工作表 1"选项，进入可视化视图的制作界面，如图 3-7 所示。

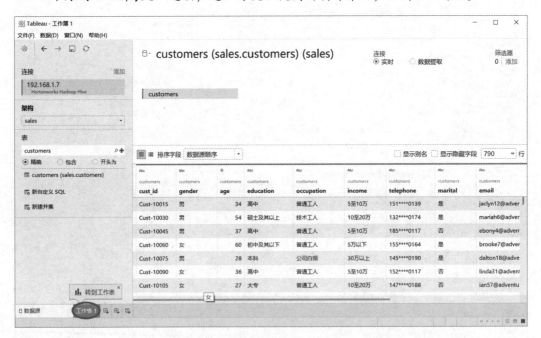

图 3-7　查看需要连接的表

步骤 07　将 custcat 字段拖曳到"列"功能区，将平均值（age）字段拖曳到"行"功能区，度量类型选择"平均值"，注意其默认类型是"总和"，如图 3-8 所示。

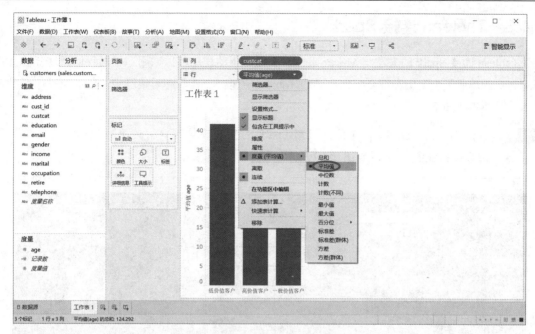

图 3-8　设置可视化字段

步骤 08　最后，对视图进行适当的调整，例如颜色、标签、标题等，最终的效果如图 3-9 所示。

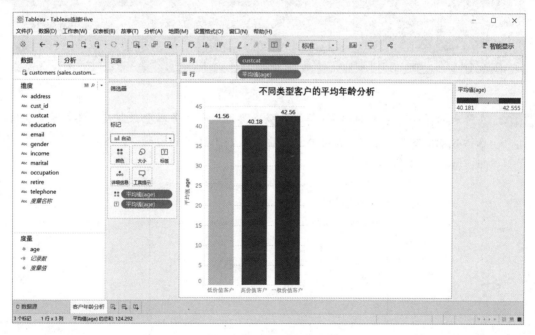

图 3-9　调整可视化视图

从上面制作的条形图可以看出：一般价值客户的平均年龄为 42.56 岁，低价值客户的平均年龄为 41.56 岁，高价值客户的平均年龄为 40.18 岁，不同价值类型客户的平均年龄没有明显的差异。

3.1.3 Tableau 连接 Spark

Tableau 连接 Spark 的方法与 MS Power BI 类似，驱动程序可以通用。下面我们通过分析企业现有客户的职业类型案例详细介绍如何通过 Tableau 连接 Spark，并对集群中的数据表进行可视化分析，具体步骤如下：

步骤01 打开 Tableau Desktop 软件，找到 Spark 对应的连接接口，这里我们选择"更多"下的 Spark SQL 选项，如图 3-10 所示。

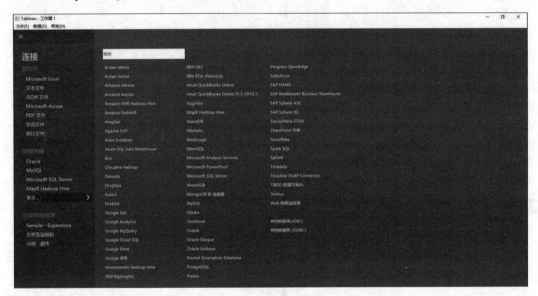

图 3-10　连接数据源

步骤02 在弹出的界面中输入 Hadoop 集群的服务器地址和服务器登录信息，服务器登录信息包括 Spark 类型、身份验证方式、传输方式、用户名和密码等，然后单击"登录"按钮，如图 3-11 所示。

图 3-11　输入连接参数

步骤 03　在 Tableau 的数据源界面，选择架构（数据库），在搜索框中输入"sales"，这是我们需要分析的数据所在的数据库名，然后单击右侧的"搜索"按钮，并选择合适的匹配模式，这里选择"精确"单选按钮，如图 3-12 所示。

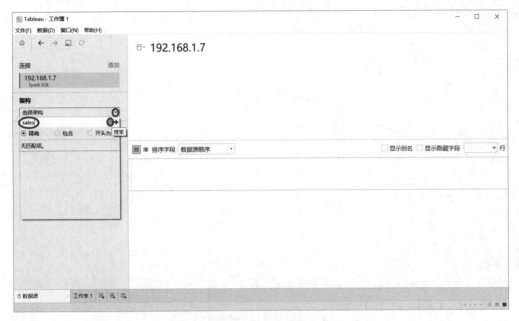

图 3-12　选择架构

步骤 04　在搜索框中输入我们需要分析的表，如果是多个表，就需要重复操作，由于我们只需要分析客户表，因此输入"customers"，然后单击右侧的"搜索"按钮，并选择合适的匹配模式，这里选择"精确"单选按钮，如图 3-13 所示。

图 3-13　搜索需要连接的表

步骤 05 在搜索框下方将会显示 customers 表，可以将其拖曳到右侧相应的区域，为后续可视化分析做准备，如图 3-14 所示。

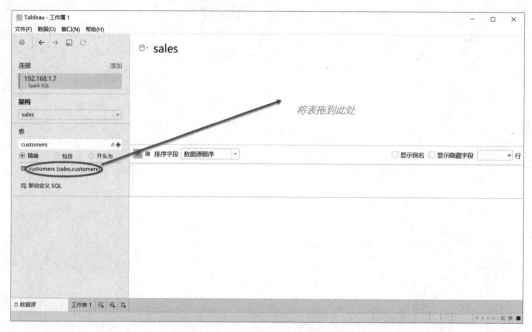

图 3-14 拖曳需要连接的表

步骤 06 查看界面右下方的 customers 表中的数据是否有异常，如果没有异常，就单击界面左下方的"工作表 1"选项，如图 3-15 所示，进入可视化视图的制作界面。

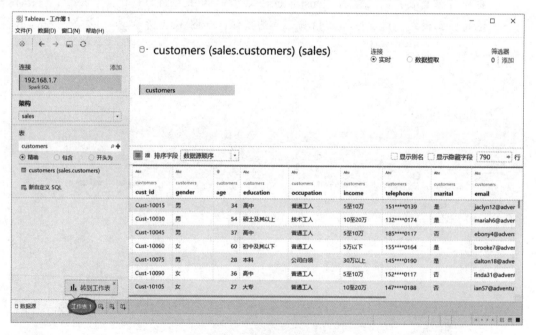

图 3-15 对查看需要连接的表

步骤 07　将 occupation（客户职业类型）字段拖曳到"行"功能区，将"总和（记录数）"字段拖曳到"列"功能区，注意度量类型选择"总和"，其默认计算类型也是"总和"，如图 3-16 所示。

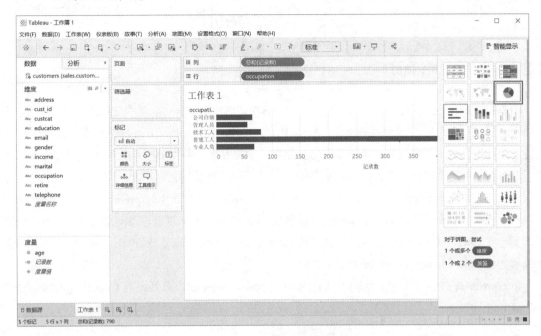

图 3-16　设置可视化字段

步骤 08　对视图进行适当的调整，例如颜色、标签、标题等，最终的效果如图 3-17 所示。

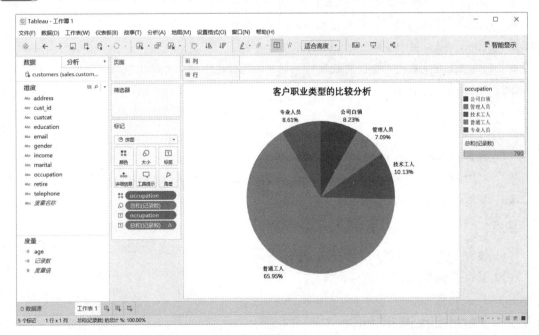

图 3-17　调整可视化视图

从上面制作的饼图可以看出：该商品的客户类型中，普通工人占到了 65.95%，其次技术工人占 10.13%，专业人员占 8.61%，公司白领占 8.23%，管理人员占 7.09%，职业类型存在较大的差异。

3.2 Zeppelin

3.2.1 Zeppelin 简介

Apache Zeppelin 是基于 Web 的笔记本，支持 SQL、Scala 等数据驱动的交互式数据分析和协作文档，通过 JDBC 可以支持 PostgreSQL、MySQL、Amazon Redshift、Hive 等数据库。在部署方面，支持单个用户，也支持多用户，可以满足数据摄取、数据发现、数据分析、数据可视化与协作等。

Zeppelin 中核心的概念是 Interpreter，Interpreter 是一个插件，允许用户使用一个指定的语言或数据处理器。每一个 Interpreter 都属于一个 InterpreterGroup，同一个 InterpreterGroup 的 Interpreters 可以相互引用，例如 SparkSqlInterpreter 可以引用 SparkInterpreter 以获取 SparkContext，因为它们属于同一个 InterpreterGroup。当前已经实现的 Interpreter 有 Spark 解释器、Python 解释器、SparkSQL 解释器、JDBC、Markdown 和 Shell 等。

Interpreter 接口中有 3 个重要的方法：Open、Close、Interpret，另外还有 Cancel、getProgress、Completion 等方法。

- Open：初始化部分，只会调用一次。
- Close：关闭释放资源的接口，只会调用一次。
- Interpret：运行一段代码并返回结果，同步执行方式。
- Cancel：可选的接口，用于结束 interpret 方法。
- getProgress：用于获取 interpret 的百分比进度。
- Completion：基于游标位置获取结果列表，通过这个接口可以实现自动结束。

此外，Zeppelin 也存在一定的不足，优点和缺点主要如下：

优点：

（1）提供 restful 和 webSocket 两种接口方式。

（2）使用 Spark 解释器，进行接口编程，可以自己操作 SparkContext。

（3）扩展性好，可以方便地自定义解释器。

缺点：

（1）没有提供 JAR 包的方式运行 Spark 任务。

（2）只有同步的方式运行程序，等待时间较长。

3.2.2 Zeppelin 连接 Hive

利用 Zeppelin 可以通过 Hive 来操作 Hadoop 集群中的数据。下面将具体介绍操作步骤。

1. 启动集群和 Spark 相关进程

下面需要启动集群和 Spark 的相关进程，主要步骤如下：

（1）启动 Hadoop：

```
/home/dong/hadoop-2.5.2/sbin/start-all.sh
```

（2）后台运行 Hive：

```
nohup hive --service metastore > metastore.log 2>&1 &
```

（3）启动 Hive 的 hiveserver2：

```
hive --service hiveserver2 &
```

（4）启动 Zeppelin：

```
/home/dong/zeppelin-0.7.3-bin-all/bin/zeppelin-daemon.sh start
```

（5）查看启动的进程，输入 jps，确认已经启动了如图 3-18 所示的 7 个进程。

图 3-18　查看启动进程

2. 配置 Hive 解释器

首先，在浏览器中输入 http://192.168.1.7:7080/#/，建议使用谷歌浏览器，进入集群的 Zeppelin 登录页面，如图 3-19 所示。

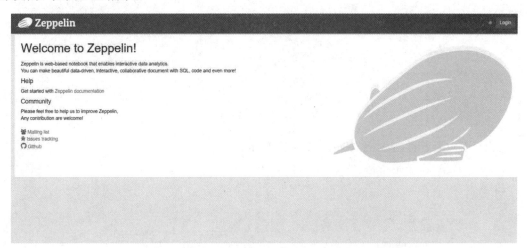

图 3-19　登录页面

然后，单击界面右上方的 Login 按钮，在弹出的 Login 页面输入账户名和密码，如图 3-20 所示。

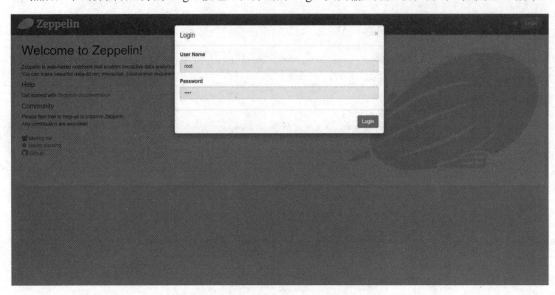

图 3-20　输入账户名和密码

登录后的效果如图 3-21 所示，通过单击账户下的 Interpreter 选项，进入添加 Hive 的解释器界面。

图 3-21　添加解释器

单击界面右上方的 Create 按钮，如图 3-22 所示。

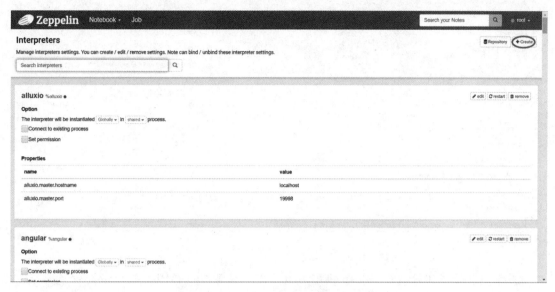

图 3-22　创建解释器

　　在创建新的解释器页面，在 Interpreter Name 中输入解释器的名称，这里可以输入 hive，Interpreter group 需要选择 jdbc。下面修改 JDBC 解释器的配置和添加相应的依赖，未配置前的参数设置如图 3-23 所示。

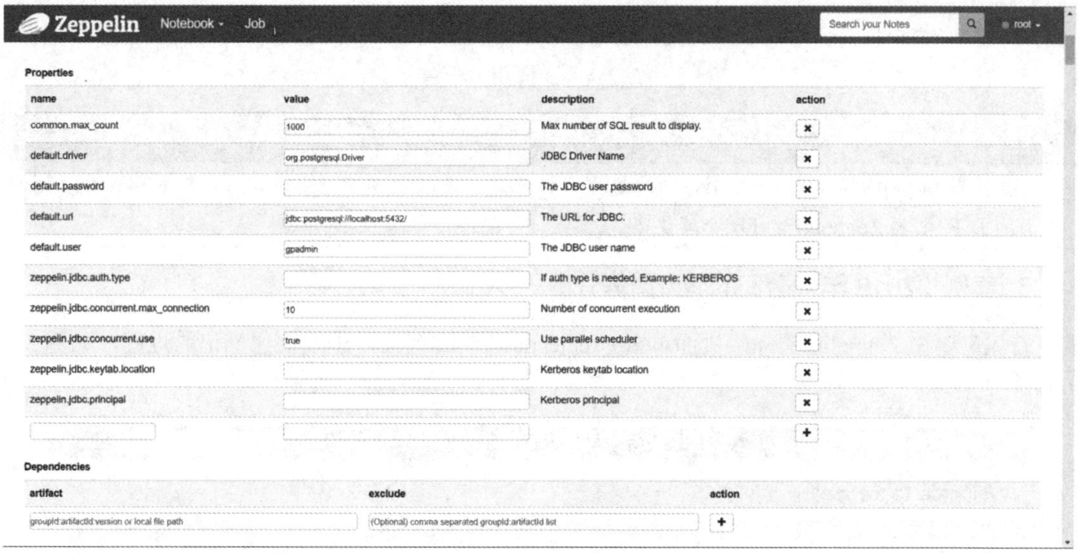

图 3-23　未配置前的参数

　　需要根据实际 Hadoop 集群的配置修改 JDBC 解释器的配置，尤其要注意 default.url，否则无法正常连接集群，配置后的参数列表如图 3-24 所示。

Properties	
name	value
common.max_count	1000
default.driver	org.apache.hive.jdbc.HiveDriver
default.password	root
default.url	jdbc:hive2://192.168.1.7:10000/sales;auth=noSasl
default.user	root
zeppelin.interpreter.localRepo	/home/dong/zeppelin-0.7.3-bin-all/local-repo/2EHRJ2ZVF
zeppelin.interpreter.output.limit	102400
zeppelin.jdbc.auth.type	
zeppelin.jdbc.concurrent.max_connection	10
zeppelin.jdbc.concurrent.use	true
zeppelin.jdbc.keytab.location	
zeppelin.jdbc.principal	

图 3-24　配置后的参数

此外，还需要添加 Hive、Hadoop 和 MySQL 的相应依赖，其中 Hive 和 Hadoop 必须要与集群的版本一致，MySQL 可以不一致，如图 3-25 所示。配置结束后，单击界面左下方的 Save 按钮保存设置。

Dependencies	
artifact	exclude
org.apache.hive:hive-jdbc:1.2.2	
org.apache.hadoop:hadoop-common:2.5.2	
mysql:mysql-connector-java:5.1.26	

图 3-25　配置相应依赖

注　意

如果报 org.apache.hive.jdbc.HiveDriver 的错误信息，就需要复制 Hive 的 lib 文件夹下的以 hive 开头的 JAR 包到 Zeppelin 的 lib 文件夹下。

3. 案例：2019 年 A 公司的股票趋势分析

首先需要在 Zeppelin 的开始页面单击 Create new note 链接，进入创建笔记的过程，如图 3-26 所示。

图 3-26　创建笔记

在 Note Name 中输入名称，这里我们可以输入"2019 年某公司的股票趋势分析"，然后在解释器的下拉框中选择"hive"，再单击 Create Note 按钮，如图 3-27 所示。

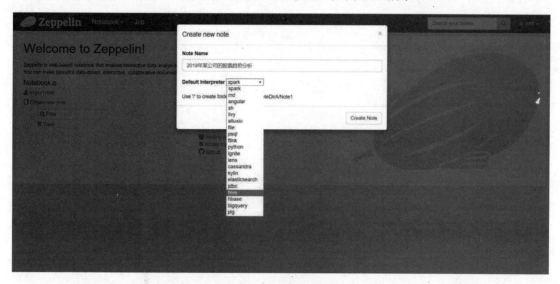

图 3-27　选择解释器

在空白区域输入 SQL 代码，注意前面需要添加"%hive"，然后单击"执行"按钮，或者使用 Shift+Enter 快捷键，如图 3-28 所示。

图 3-28　执行 SQL 语句

SQL 语句的查询速度与集群的配置有关，查询结果默认使用表格形式显示，我们还可以将结果导出到本地再进行更加深入的分析，如图 3-29 所示。

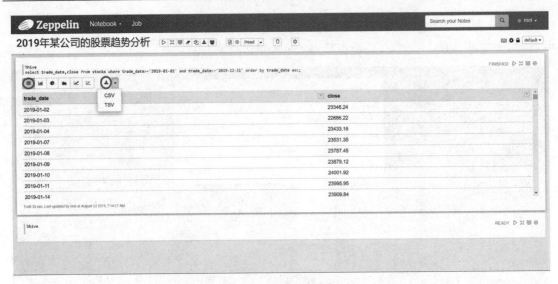

图 3-29　导出运行结果

Zeppelin 的可视化视图是一些常见的条形图、饼图、面积图和折线图等，由于股票价格数据比较适合使用折线图展示，因此需要单击 Line Chart 按钮，效果如图 3-30 所示。

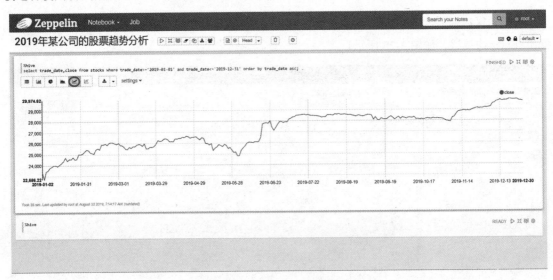

图 3-30　查看可视化视图

此外，在实际工作中，可视化视图中经常需要进行分类展示，Zeppelin 有专门的设置选项，单击 settings 按钮，将需要分组的字段拖曳到 Groups 框中即可，如图 3-31 所示。由于这里没有分类字段，因此该选项不需要设置。

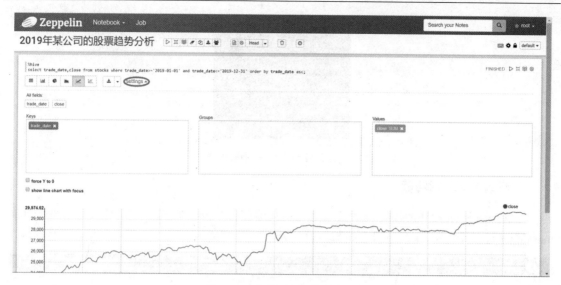

图 3-31　分类展示可视化视图

从股价的走势图可以看出：在 2019 年，该公司的股票价格基本呈现上升趋势，下半年的股价明显高于上半年的股价，这可能与公司在 2019 年 6 月份宣布收购一家新公司有关。

3.2.3　Zeppelin 连接 Spark

利用 Zeppelin 可以通过 Spark 来操作 Hadoop 集群中的数据。下面将具体介绍。

1. 启动集群和 Spark 相关进程

下面需要启动集群和 Hive 的相关进程，主要步骤如下：

（1）启动 Hadoop：

```
/home/dong/hadoop-2.5.2/sbin/start-all.sh
```

（2）启动 Spark：

```
/home/dong/spark-1.4.0-bin-hadoop2.4/sbin/start-all.sh
```

（3）后台运行 Hive：

```
nohup hive --service metastore > metastore.log 2>&1 &
```

（4）启动 Zeppelin：

```
/home/dong/zeppelin-0.7.3-bin-all/bin/zeppelin-daemon.sh start
```

（5）查看启动的进程，输入 jps，确认已经启动了如图 3-32 所示的 9 个进程。

图 3-32　查看启动进程

2. 配置 Spark 解释器

配置 Spark 解释器的过程与配置 Hive 解释器的过程基本相同，也是通过单击账户下的 Interpreter 选项添加 Spark 解释器，如图 3-33 所示。

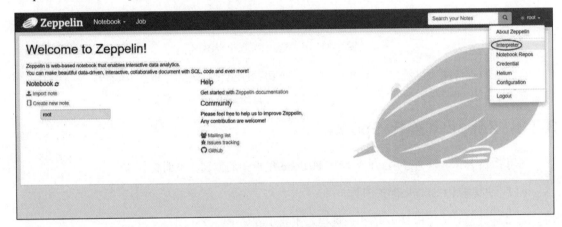

图 3-33　添加解释器

单击界面右上方的 Create 按钮，如图 3-34 所示。

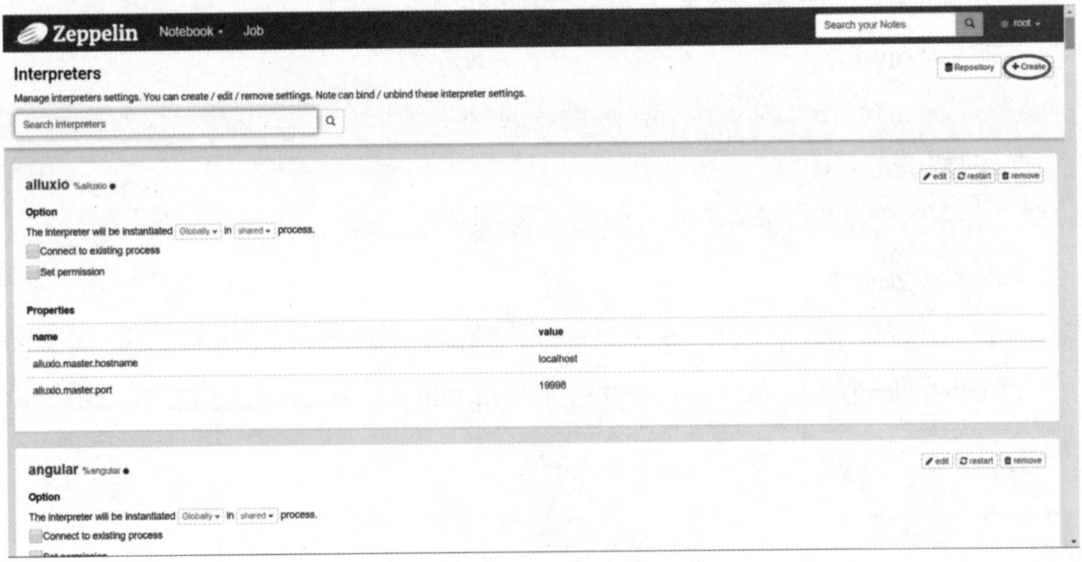

图 3-34　创建解释器

在创建新的解释器页面，在 Interpreter Name 中输入解释器的名称，这里可以输入 spark，Interpreter group 需要选择 spark。然后修改 JDBC 解释器配置选项，没有配置之前的参数如图 3-35 所示。

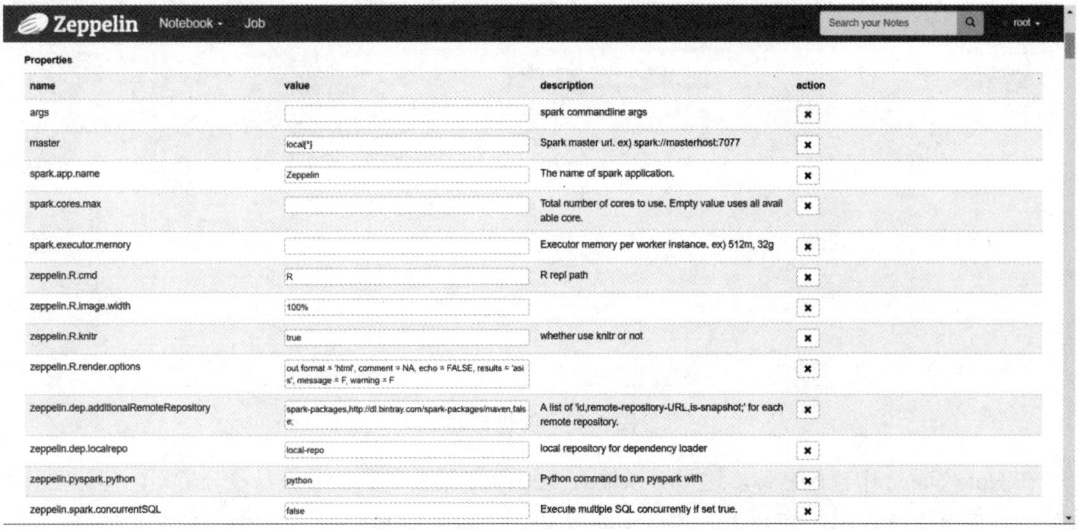

图 3-35　未配置前的参数

需要根据实际 Hadoop 集群的配置修改 JDBC 解释器的配置，尤其要注意 master 选项的设置，否则无法正常连接集群，配置后的参数列表如图 3-36 所示。

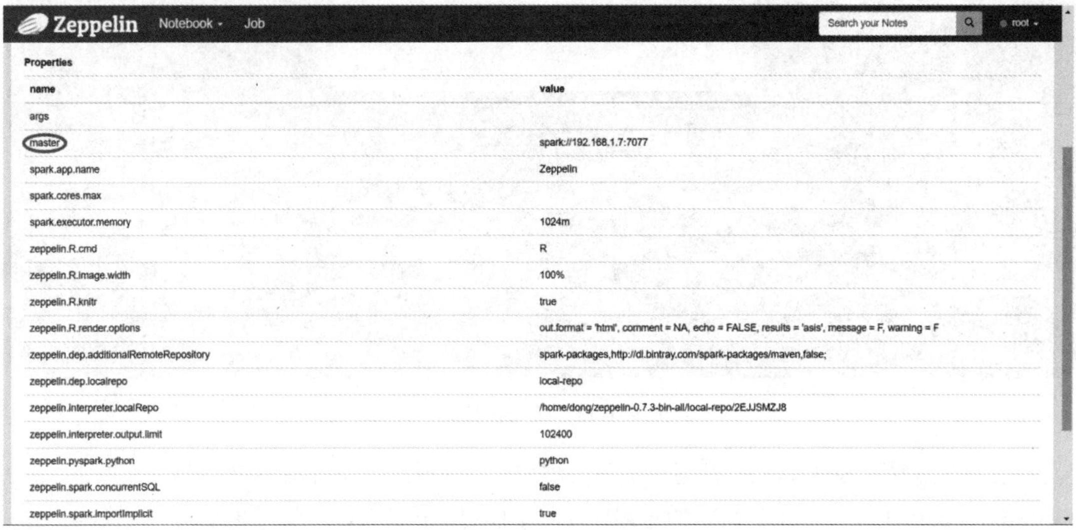

图 3-36　配置后的参数

3. 案例：2019 年 A 公司的股票交易量分析

首先需要在 Zeppelin 的开始页面单击 Create new note 链接，然后进入创建笔记界面，如图 3-37 所示。

图 3-37　创建笔记

　　在 Note Name 中输入名称，这里可以输入"2019 年某公司的股票交易量分析"，然后在解释器的下拉框中选择 spark，再单击 Create Note 按钮，如图 3-38 所示。

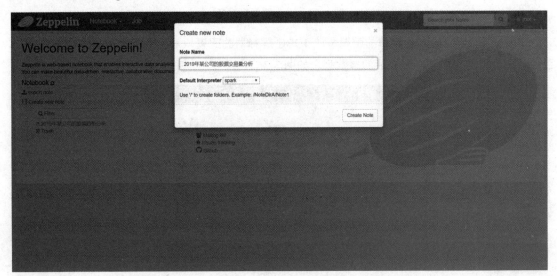

图 3-38　选择解释器

　　在空白区域输入 SQL 代码，注意前面需要添加"%spark.sql"，然后单击"执行"按钮，或者使用 Shift+Enter 快捷键。SQL 语句的查询速度与集群的配置有关，查询结果默认使用表格形式显示，我们还可以将结果导出到本地再进行更加深入的分析，如图 3-39 所示。

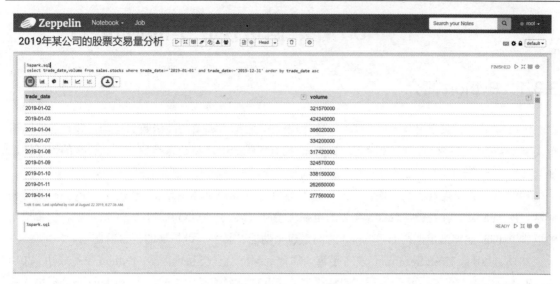

图 3-39　导出运行结果

Zeppelin 的可视化视图都是一些比较常见的图形，如条形图、饼图、面积图、折线图和散点图等，由于股票价格数据比较适合使用折线图展示，因此需要单击 Line Chart 按钮，效果如图 3-40 所示。

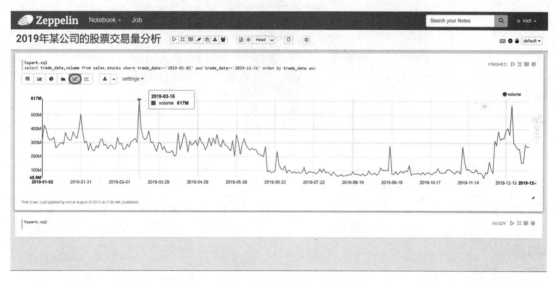

图 3-40　查看可视化视图

从股票交易量的走势图可以看出：在 2019 年，除了 12 月份外，该公司的股票交易量基本呈现下降趋势，下半年的交易量明显低于上半年的交易量，这与前面的股票收盘价走势分析刚好相反，具体原因还需要结合公司的经营状况进行深入的分析。

3.3 Python 在数据可视化中的应用

3.3.1 Python 简介

Python 是一门简单易学且功能强大的编程语言。它拥有高效的高级数据结构，并且能够用简单而又高效的方式进行面向对象编程。Python 拥有优雅的语法和动态类型，再结合它的解释性，使其在大多数平台的许多领域成为编写脚本或开发应用程序的理想语言。

1989 年，为了度过圣诞假期，吉多·范罗苏姆（Guido van Rossum）开始编写 Python 语言编译器。Python 这个名字来自 Guido 喜爱的电视连续剧《Monty Python's Flying Circus》。他希望新的语言 Python 能够满足他在 C 和 Shell 之间创建全功能、易学、可扩展的语言的愿景。

2018 年 8 月，IEEE Spectrum 发布了第 5 届顶级编程语言交互排行榜：Python 卫冕成功。2018 年，Python 与第二名 C++拉开差距（两种语言的交互性排名差距为 1.6），C 和 Java 则分据第三和第四，如图 3-41 所示。

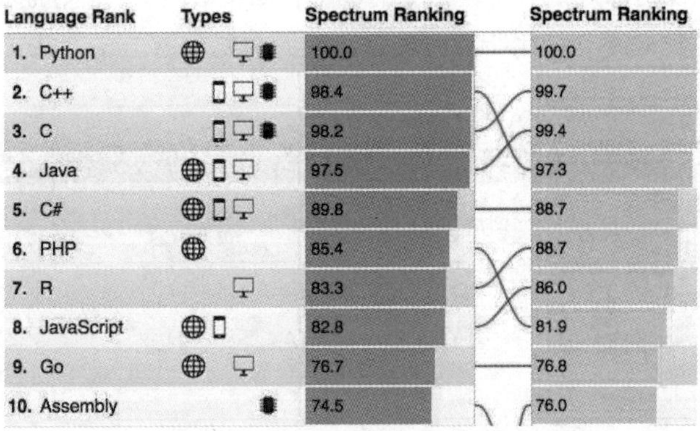

图 3-41 编程语言排行榜

虽然 Python 易于使用，但它却是一门完整的编程语言，与 Shell 脚本或批处理文件相比，它为编写大型程序提供了更多的结构和支持。另一方面，Python 提供了比 C 更多的错误检查，并且作为一门高级语言，它支持高级的数据结构类型，例如灵活的数组和字典。Python 语言的主要特点如下：

- 语法简单：Python 的语法非常优雅，甚至没有像其他语言的大括号、分号等特殊符号，代表了一种极简主义的设计思想，阅读 Python 程序像是在读英语。
- 编程易学：Python 入手非常快，学习曲线非常低，可以直接通过命令行交互环境来学习 Python 编程。
- 开源免费：Python 具有功能强大的库，而且由于 Python 的开源特性，第三方库也非常多，例如在 Web 开发、爬虫、科学计算等方面。
- 跨平台：Python 的代码几乎不用修改就可以运行在各类平台上。

此外，Python 可以用于数据分析、搭建网站、开发游戏、自动化测试等，其在数据分析中的应用包括以下三个方面：

- Python 编程实现：数据提取存储、数据预处理、数据清洗。
- Python 网络爬虫：从互联网获取数据。
- 第三方库的使用：数据处理、数据可视化、建立模型。

本书的研究重点是 Python 的数据可视化，包括 Matplotlib 与 Pyecharts 两个第三方库，但是偶尔也会使用一些其他库，如 Pandas、NumPy 等。

3.3.2　Python 连接 Hive

Python 借助 impyla 包可以连接到 Hadoop 集群的 Hive。下面具体介绍其步骤。

首先需要启动 Hadoop 集群和 Hive 的相关进程，主要步骤如下：

（1）启动 Hadoop：

```
/home/dong/hadoop-2.5.2/sbin/start-all.sh
```

（2）后台运行 Hive：

```
nohup hive --service metastore > metastore.log 2>&1 &
```

（3）启动 Hive 的 hiveserver2：

```
hive --service hiveserver2 &
```

（4）查看启动的进程，输入 jps，确认已经启动了如图 3-42 所示的 7 个进程。

图 3-42　查看启动的进程

然后安装 3 个包：impyla、thirftpy 和 thirftpy2，如果安装包的时候报错，就需要下载离线安装包再安装，注意要和 Python 版本相匹配。

这样就能成功地安装 PyHive 了，测试代码如下：

```
from impala.dbapi import connect
conn = connect(host='192.168.1.7', port=10000,
database='sales',auth_mechanism='NOSASL',user='root')
cur = conn.cursor()
cur.execute('select * from orders where order_date="2019-11-11"')
print(cur.fetchall())
```

测试程序执行后的结果如图 3-43 所示，展示该产品在 2019 年 11 月 11 日的订单信息，注意我们采用的是样本数据集，企业的真实订单量应该是很大的。

```
[13]: from impala.dbapi import connect
      conn = connect(host='192.168.1.7', port=10000, database='sales',auth_mechanism='NOSASL',user='root')
      cur = conn.cursor()
      cur.execute('select * from orders where order_date="2019-11-11"')
      print(cur.fetchall())
```

[[('CN-2019-102984', '2019-11-11', '众兴店', '其它', '2019-11-15', 3, 'Cust-18160', '邱梦', '消费者', '郸城', '河南', '中南', 'Prod-10003132', 'Jiffy_搭
扣信封_每套_50_个', '办公用品', '信封', 119.28, 3, 0.0, 31.92, '王倩倩', 1, '2019'), ('CN-2019-102985', '2019-11-11', '庐江路', '微信', '2019-11-15', 6,
'Cust-14335', '马惠英', '公司', '南宁', '广西', '中南', 'Prod-10003039', '爱普生_收据打印机_耐用', '技术', '设备', 2186.8, 4, 0.0, 612.08, '王倩倩', 0, '20
19'), ('CN-2019-102986', '2019-11-11', '众兴店', '其它', '2019-11-16', 6, 'Cust-19510', '钟庆缘', '小型企业', '杭州', '浙江', '华东', 'Prod-10002744',
'Eldon_盒_单宽度', '办公用品', '收纳具', 144.06, 3, 0.0, 17.22, '杨洪光', 1, '2019'), ('CN-2019-102987', '2019-11-11', '人民路店', '其它', '2019-11-16',
6, 'Cust-19510', '钟庆缘', '小型企业', '杭州', '浙江', '华东', 'Prod-10003981', 'Green_Bar_羊皮纸_优质', '办公用品', '纸张', 155.68, 2, 0.0, 24.64, '杨洪
光', 0, '2019'), ('CN-2019-102988', '2019-11-11', '众兴店', '支付宝', '2019-11-17', 6, 'Cust-18910', '贾柏', '小型企业', '塘沽', '天津', '华北', 'Prod-10
000334', 'Hewlett_无线传真机_数字化', '技术', '复印机', 8862.7, 5, 0.0, 1506.4, '陈瑞', 1, '2019'), ('CN-2019-102989', '2019-11-11', '人民路店', '信用
卡', '2019-11-17', 6, 'Cust-20710', '龚松', '小型企业', '上海', '上海', '华东', 'Prod-10003358', 'Advantus_灯泡_一包多件', '家具', '用具', 375.76, 4, 0.
0, 75.04, '杨洪光', 1, '2019'), ('CN-2019-102990', '2019-11-11', '众兴店', '信用卡', '2019-11-17', 6, 'Cust-19450', '冯巧', '消费者', '济南', '山东', '华
东', 'Prod-10000292', 'Wilson_Jones_装订机盖_实惠', '办公用品', '装订机', 104.44, 2, 0.0, 34.44, '杨洪光', 0, '2019'), ('CN-2019-102991', '2019-11-11',
'定远路店', '其它', '2019-11-17', 6, 'Cust-19450', '冯巧', '消费者', '济南', '山东', '华东', 'Prod-10002438', 'Hon_圆桌_白色', '家具', '桌子', 4352.04, 3,
0.4, -72.66, '杨洪光', 0, '2019'), ('CN-2019-102992', '2019-11-11', '临泉店', '其它', '2019-11-17', 6, 'Cust-19450', '冯巧', '消费者', '济南', '山东',
'华东', 'Prod-10003466', 'Cuisinart_烤面包机_银色', '办公用品', '器具', 1011.92, 4, 0.0, 343.84, '杨洪光', 0, '2019'), ('CN-2019-102993', '2019-11-11',
'人民路店', '微信', '2019-11-17', 6, 'Cust-19450', '冯巧', '消费者', '济南', '山东', '华东', 'Prod-10003809', 'Office_Star_摇椅_红色', '家具', '椅子', 197
2.74, 3, 0.0, 118.02, '杨洪光', 0, '2019'), ('CN-2019-102994', '2019-11-11', '众兴店', '信用卡', '2019-11-17', 6, 'Cust-18910', '贾柏', '小型企业', '塘
沽', '天津', '华北', 'Prod-10003289', 'Tenex_搁板_单宽度', '办公用品', '收纳具', 510.44, 2, 0.0, 127.4, '张怡莲', 0, '2019'), ('CN-2019-102995', '2019-11
-11', '燎原店', '信用卡', '2019-11-17', 6, 'Cust-20710', '龚松', '小型企业', '上海', '上海', '华东', 'Prod-10000670', 'Office_Star_凳子_可调', '家具', '椅
子', 6586.72, 8, 0.0, 1777.44, '杨洪光', 0, '2019')]]

[ ]:

图 3-43　订单样本数据

3.3.3　Python 可视化案例

为了让大家更好地理解本书后面的内容，这里提前举一个案例，使用的是公司的订单（orders）
表，该表位于我们搭建的 Haooop 集群中，而且是分区表，分区字段是年份 dt。我们需要展示 2019
年各个区域的销售额情况。下面简单介绍其步骤。

步骤 01 通过使用连接 Hive 的图形界面工具查看 orders 表中的相关字段信息，并测试程序中
的 SQL 语句是否正常执行，如图 3-44 所示。

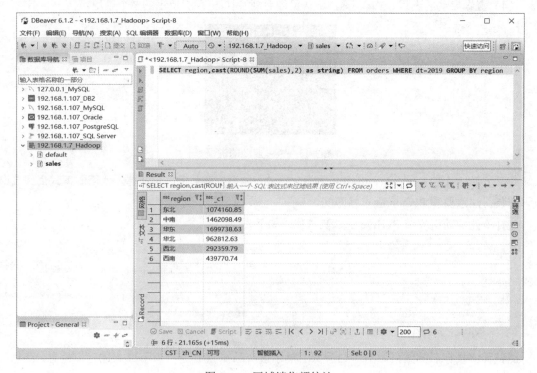

图 3-44　区域销售额统计

步骤 02 利用 Python 中的相关包进行程序的编写，这里我们使用的是 pyecharts 包，Python 可视化程序如下：

```python
# -*- coding: utf-8 -*-

#声明 Notebook 类型，必须在引入 pyecharts.charts 等模块前声明
from pyecharts.globals import CurrentConfig, NotebookType
CurrentConfig.NOTEBOOK_TYPE = NotebookType.JUPYTER_LAB

from pyecharts import options as opts
from pyecharts.charts import Page, Pie
from impala.dbapi import connect

#连接 Hadoop 数据库
v1 = []
v2 = []
v3 = []
conn = connect(host='192.168.1.7', port=10000, database='sales',auth_mechanism=
'NOSASL',user='root')
cursor = conn.cursor()
#读取 Hadoop 数据
sql_num = "SELECT region,cast(ROUND(SUM(sales),2) as string) FROM orders WHERE dt=2019
GROUP BY region"
cursor.execute(sql_num)
sh = cursor.fetchall()
for s in sh:
    v1.append(s[0])
    v2.append(s[1])

#画饼图
def pie() -> Pie:
    c = (
        Pie()
        .add("",[list(z) for z in zip(v1, v2)],center=["50%", "55%"],)
        .set_colors(["blue", "green", "purple", "red", "silver", "orange"])    #设置颜色
        .set_global_opts(
            title_opts=opts.TitleOpts(title="利润额比较分析", subtitle="2019 年企业经营状况"),
            legend_opts=opts.LegendOpts(orient="horizontal", pos_top="5%", pos_left="30%"),
#设置位置 horizontal 水平 vertical 垂直
            toolbox_opts=opts.ToolboxOpts()
        )
        .set_series_opts(label_opts=opts.LabelOpts(formatter="{b}: {c}"))
    )
```

```
    return c

#第一次渲染时调用 load_javasrcript 文件
pie().load_javascript()

#展示数据可视化图表
pie().render_notebook()
```

步骤 03 执行上面的程序，可以产生比较美观的图形，如图 3-45 所示。当然该图形还可以进一步美化，例如大小、颜色、标签等，这些内容会在本书后面的章节进一步说明，这里就不深入介绍了。

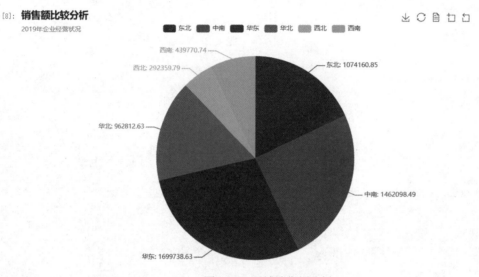

图 3-45　区域销售额分析

从图形可以看出：在 2019 年全年，该产品在华东地区的销售额最大，为 1 074 160.85 元，其次是中南地区，为 1 462 098.49 元，其中销售额最少的是西北地区，为 292 359.79 元。

## 第 4 章

Python 可视化编程基础

本章我们将介绍 Python 可视化编程的基础知识，包括软件的安装、如何搭建代码开发环境以及如何连接各类常用的数据源。

4.1　Python 环境安装

目前，Python 分为 2.X 和 3.X 两个版本。Python 的 3.X 版本是一个较大的升级版本，为了不带入过多的累赘，在设计的时候没有考虑向下兼容。

2018 年 3 月，Python 开发者宣布 Python 2.7 将于 2020 年 1 月 1 日终止支持。用户如果想要在这个日期之后继续得到与 Python 2.7 有关的支持，就需要付费给商业供应商。

工欲善其事，必先利其器。Python 的学习过程少不了代码开发环境，代码开发环境可以帮助开发者加快开发速度，提高效率。Python 的开发环境较多，如 Anaconda、PyCharm、Eclipse 等。

下面介绍两种比较常用的 Python 开发环境：Anaconda 和 PyCharm。注意，本书中使用的环境是基于 Python 3.7.4 的 Anaconda(截至 2019 年 11 月份的最新版本)。这里推荐读者使用 Anaconda，尤其是对于刚刚入门的 Python 初学者，这是由于它已经内置了很多 Python 常用的第三方包，我们不必再考虑令人烦恼的兼容性问题。

4.1.1　Anaconda

Anaconda 是一个基于 Python 的数据处理和科学计算平台，内置了许多非常有用的第三方库，装上 Anaconda，就相当于把 Python 和一些常用的库（如 NumPy、Pandas、Matplotlib 等）自动安装好了，使得安装比常规 Python 安装要简单容易。

如果选择非集成环境 Python，那么还需要使用 pip install 命令一个一个地安装各种库，安装起来比较复杂，尤其是对于初学者来说，这个过程是非常痛苦的，此外还需要考虑兼容性，需要去 Python 官网（https://www.Python.org/downloads/windows/）选择对应的版本。

此外，由于每个人的计算机系统的开发环境存在差异，可能会遇到一些无法解决的问题。下面是一个用户经常遇到的问题：如果不使用 Anaconda，安装好 Python 3.8 后，在命令提示符中输入 pip install jupyterlab，可以正常下载包，但是不能正常安装，会报以下的错误信息：distutils.errors.DistutilsError: Setup script exited with error: Microsoft Visual C++ 14.0 is required. Get it with "Microsoft Visual C++ Build Tools": https://visualstudio.microsoft.com/downloads/，虽然下载和安装了指定的安装包，并且安装过程较长，但是还是没有解决问题。

Anaconda 是专注于数据分析的 Python 发行版本，包含 Conda、Python 等 190 多个科学包及其依赖项。Anaconda 的优点总结起来就 8 个字：省时省心、分析利器。

- **省时省心**：Anaconda 通过管理工具包、开发环境、Python 版本大大简化了工作流程，不仅可以方便地安装、更新、卸载工具包，而且安装时能自动安装相应的依赖包，同时还能使用不同的虚拟环境隔离不同要求的项目。
- **分析利器**：在 Anaconda 官网中是这么宣传自己的：适用于企业级大数据分析的 Python 工具。其包含 720 多个数据科学相关的开源包，在数据可视化、机器学习、深度学习等多方面都有涉及，不仅可以进行数据分析，甚至可以用在大数据和人工智能领域。

Anaconda 的安装过程比较简单，可以选择默认安装或者自定义安装，为了避免配置环境和安装 pip 的麻烦，建议勾选添加环境变量和安装 pip 选项。下面介绍具体的安装步骤。

步骤01 进入官网（https://www.anaconda.com/download/#windows）下载对应的版本，这里选择的是 Windows 64bit，如图 4-1 所示。

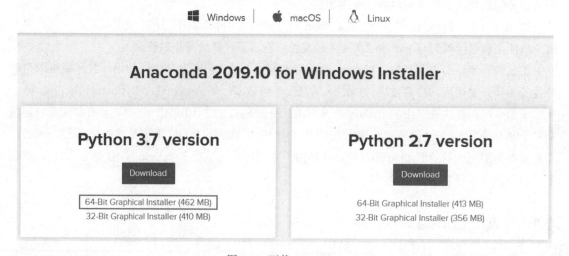

图 4-1　下载 Anaconda

步骤02 以管理员身份运行下载好的 Anaconda3-2019.10-Windows-x86_64.exe 文件，在 Welcome to Anaconda3 2019.10(64-bit)Setup 界面单击 Next 按钮，在 License Agreement 界面单击 I Agree 按钮，在 Select Installation Type 界面单击 Next 按钮，如图 4-2~图

4-4 所示。然后在 Choose Install Location 界面单击 Browse 按钮，选择安装目录，选择好之后单击 Next 按钮，如图 4-5 所示。接下来在 Advanced Installation Options 界面单击 Install 按钮，等待安装完成，在 Installing 界面单击 Next 按钮，接下来在 Anaconda3 2019.10（64-bit）界面单击 Next 按钮，在 Thanks for installing Anaconda3!界面单击 Finish 按钮，即可完成 Anaconda 的安装，如图 4-6~图 4-9 所示。

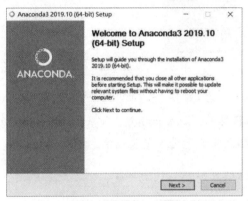

图 4-2　单击 Next 按钮　　　　　　　　图 4-3　单击 I Agree 按钮

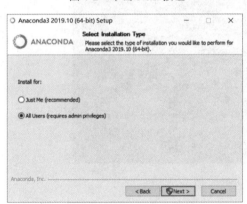
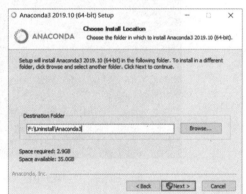

图 4-4　单击 Next 按钮　　　　　　　　图 4-5　选择安装目录

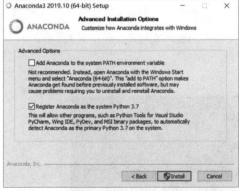
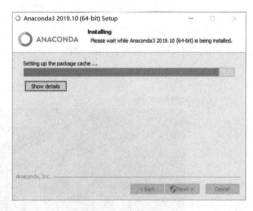

图 4-6　单击 Install 按钮　　　　　　　图 4-7　单击 Next 按钮

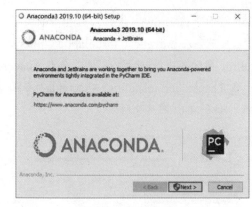
图 4-8　单击 Next 按钮

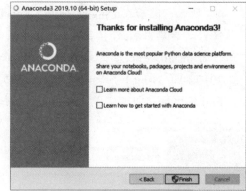
图 4-9　单击 Finish 按钮

步骤 03 按 Windows+R 快捷键，进入命令提示符界面，输入 python，如果出现 Python 版本信息，就说明安装成功（如果看不到，那么尝试先进入安装目录，再输入 python），如图 4-10 所示。

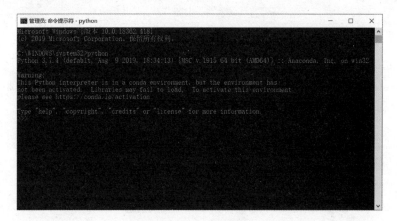
图 4-10　查看 Python 版本

如果出现警告信息：This Python interpreter is in a conda environment, but the environment has not been activated. Libraries may fail to load. To activate this environment please see https://conda.io/activation，是因为安装的是 Anaconda 中带的 Python 版本，Python 处于 Conda 环境中，使用 Python 需要激活。可以在命令提示符界面输入 conda info –envs 命令，查看 Anaconda 的位置，复制 base 后面的位置信息，如图 4-11 所示。

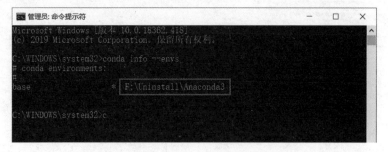
图 4-11　查看 Anaconda 的位置

先输入 conda init 对配置进行初始化，然后输入 conda activate F:\Uninstall\Anaconda3，根据自己的位置修改 F:\Uninstall\Anaconda3，其为自己计算机上 base 后面的位置信息，执行程序后就可以激活 Python 环境，没有警告信息了。

如果不能正常显示 Python 的版本信息，就需要在计算机的环境变量 path 中添加 Python 路径。然后进入命令提示符界面，切换盘符到 Anaconda 安装目录，输入 pip list（或 conda list）命令就可以查询已经安装了哪些包，如图 4-12 所示。

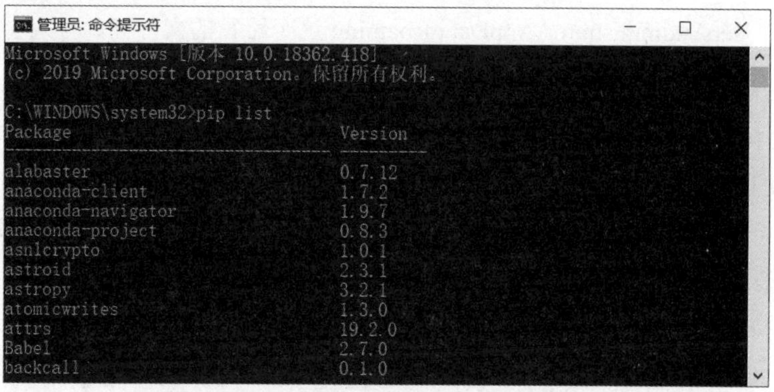

图 4-12　查看安装的包

初次安装的包一般版本比较老，为了避免之后使用报错，可以输入 conda update --all 命令，对所有的包进行更新，在提示是否更新的时候输入 y（Yes）让更新继续，等待完成即可，如图 4-13 所示。

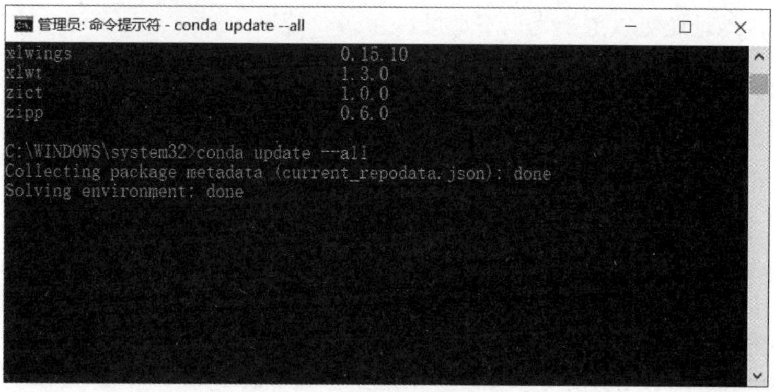

图 4-13　更新所有的包

由于 Python 第三方包比较多，因此很多人喜欢用 Python，但是调包有的时候会出现问题，安装包不是失败就是很慢，很影响工作进度。当我们在命令提示符窗口中使用命令：pip install 包名.时，常常会出现安装失败的现象，你会看到下载的进度条，但是最后下载到百分之几十的时候，窗口中就会出现一堆红字，显示 Python 第三方库下载出问题了。我们在命令提示符窗口进行 pip 安装时，默认下载的是国外资源，由于网速不稳定甚至没有网速，就会导致安装包时出现错误，解决办法有两种：

（1）首先搜索所需要的安装包，然后去国外的网站下载这个安装包（注意：要下载的安装包的名称就是在命令提示符窗口进行 pip 安装时程序自动搜索下载的那个安装包名）。下载后，使用 cd 命令将路径切换到下载包的文件夹中安装即可。在命令提示符窗口安装本地文件包时，可能会在窗口中看到系统自动安装相关必备的其他包，也可能会出现下载失败的情况，这时下载不下来的包也可以去国外网站下载，然后在本地安装即可。

（2）这是一种一劳永逸的方法，选择国内镜像源，相当于从国内的一些机构下载所需要的 Python 第三方库，这样速度就很快了。那么如何选择国内镜像源，又如何配置呢？

首先找到 C:\Users\Administrator\AppData\Roaming 这个路径的文件夹，有人会找不到，这是因为文件夹被隐藏了，解决办法如下：

以 Windows 10 系统为例，打开 C 盘，单击界面左上角的"查看"，勾选"隐藏的项目"，然后进入"用户"文件夹，双击计算机的登录用户名，例如 shang。这样就能看到 AppData 文件夹了。

找到路径后，首先在该路径下新建文件夹，命名为 pip，然后在 pip 文件夹中新建一个 TXT 格式的文本文档，打开文本文档，将下面这些代码复制到文本文档中，关闭并保存。然后将 TXT 格式的文本文档重新命名为 pip.ini，这样就创建了一个配置文件。

```
[global]
timeout = 60000
index-url = https://pypi.tuna.tsinghua.edu.cn/simple
[install]
use-mirrors = true
mirrors = https://pypi.tuna.tsinghua.edu.cn
```

文档中的链接地址还可以更换为以下地址：

- 阿里云：http://mirrors.aliyun.com/pypi/simple/。
- 中国科技大学：https://pypi.mirrors.ustc.edu.cn/simple/。
- 豆瓣（douban）：http://pypi.douban.com/simple/。
- 清华大学：https://pypi.tuna.tsinghua.edu.cn/simple/。
- 中国科学技术大学：http://pypi.mirrors.ustc.edu.cn/simple/。

这样再使用 pip 进行包安装时就默认选择国内源，速度很快。

此外，在 Anaconda 中可以使用以下命令创建多个版本的 Python 环境：

```
conda create -n env_name list of packages
```

其中，-n 代表 name；env_name 是需要创建的环境名称；list of packages 则是列出在新环境中需要安装的工具包，可以不用设置，默认安装一些基础包。

例如，现在的 Python 版本是 3.7，但是需要使用 Python 2.7 和 Python 3.6 的环境，则在 Anaconda prompt 中输入以下语句即可：

```
conda create -n py36 Python=2.7
conda create -n py36 Python=3.6
```

新环境安装结束后，会在 Anaconda3 的 envs 文件夹下生成两个文件，如图 4-14 所示。

名称 ^	修改日期	类型	大小
py27	2019/10/18 10:18	文件夹	
py36	2019/10/18 10:21	文件夹	
.conda_envs_dir_test	2019/10/18 10:17	CONDA_ENVS_D...	0 KB

图 4-14　查看 envs 文件夹

Python 多环境操作的一些常用语句如下：

- 显示所有环境的语句：conda env list。
- 激活新配置环境的语句：conda activate py27。
- 退出新配置环境的语句：conda deactivate。
- 删除配置的新环境的语句：conda env remove –n py27。

当工作中需要分享代码的时候，也需要将运行环境分享给大家，执行以下命令可以将当前环境下的相关信息存入名为 env 的 YAML 文件中：

```
conda env export > env.yaml
```

同样，当执行别人的代码时，也需要配置相应的 Python 环境，这时可以用对方分享的 YAML 文件创建一个一模一样的运行环境，语句如下：

```
conda env create -f env.yaml
```

4.1.2　PyCharm

PyCharm 是一个比较常见的 Python 代码开发环境，可以帮助用户在使用 Python 语言开发时提高效率，比如调试、语法高亮、Project 管理、代码跳转、智能提示、自动完成、单元测试、版本控制等。

PyCharm 是一个专注于 Python 的集成开发环境，分为专业版、教育版和社区版。专业版是收费的，只能试用一个月；教育版是免费的，是专门针对学生和老师设计的；社区版适合个人或小团队开发使用，但是一些功能没法使用，比如 Web 开发、Python 探查等，对于初学者来说社区版的功能足够满足需求。

在开始安装 PyCharm 之前，需确保计算机上已经安装了 Java 1.8 以上的版本，并且已配置好环境变量。下面介绍具体安装步骤。

步骤 01　进入官网：http://www.jetbrains.com/pycharm/download/#section=windows，下载社区版，如图 4-15 所示。

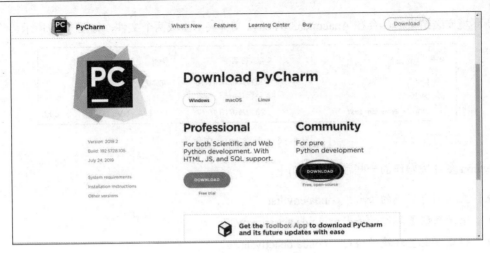

图 4-15　下载 PyCharm 社区版

步骤 02 双击下载的 pycharm-community-2019.2.exe 文件开始安装，在欢迎界面单击 Next 按钮，如图 4-16 所示。

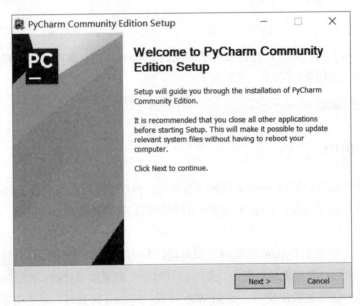

图 4-16　欢迎页面

步骤 03 在选择安装理解界面，如果要修改安装路径，可以单击 Browse 按钮选择安装路径，切换好安装路径后再单击 Next 按钮，如图 4-17 所示。

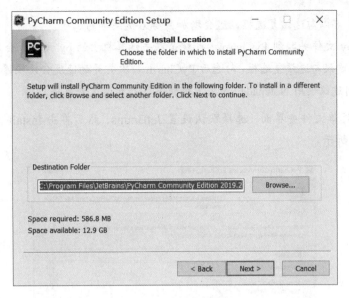

图 4-17 选择安装路径

步骤 04 在软件配置界面，根据实际需要勾选相应复选框，配置完成后，单击 Next 按钮，如图 4-18 所示。在安装界面单击 Install 按钮，等待安装完成即可。

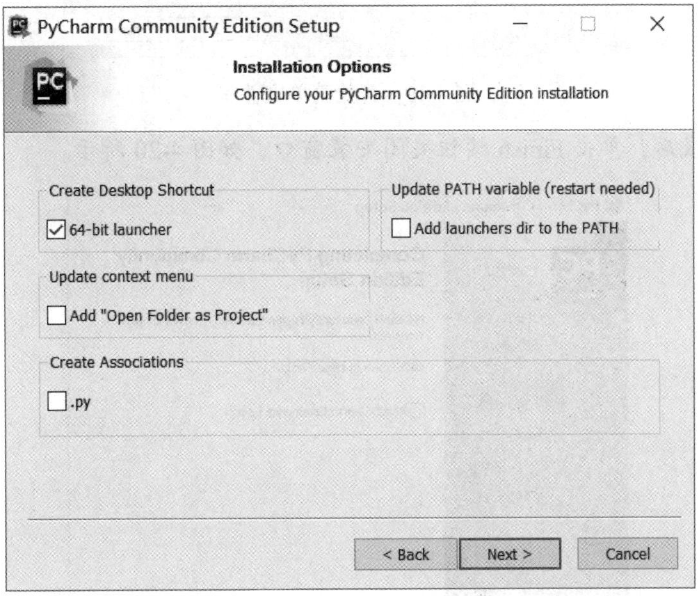

图 4-18 配置软件参数

如果有特殊的需要，可参考各个选项的功能：

● 创建快捷方式：根据当前系统进行选择。

● 将 PyCharm 的启动目录添加到环境变量中，需要重启，如果需要使用命令行操作 PyCharm，就勾选该复选框。

● 添加鼠标右键菜单，使用打开项目的方式打开文件夹。如果经常需要下载一些别人的代码查看，可以勾选该复选框，这会增加鼠标右键菜单的选项。

● 将所有.py 文件关联到 PyCharm，也就是双击计算机上的.py 文件，会默认使用 PyCharm
打开。不建议勾选该复选框，勾选后 PyCharm 每次打开的速度会比较慢。若要单独打开.py
文件，则建议使用 Notepad++等文本编辑器，打开速度会更快。

步骤 05 在开始菜单文件夹界面，选择默认设置 JetBrains，然后单击 Install 按钮开始安装，如
图 4-19 所示。

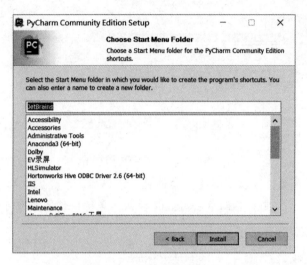

图 4-19　开始菜单文件夹

步骤 06 安装完成后，单击 Finish 按钮关闭安装窗口，如图 4-20 所示。

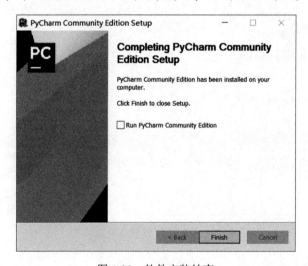

图 4-20　软件安装结束

安装好 PyCharm 后，还需要配置其代码开发环境。首次启动 PyCharm 会弹出配置窗口，如图
4-21 所示。

图 4-21 软件配置窗口

如果之前使用过 PyCharm 并有相关的配置文件，就在此处选择导入；否则保持默认设置即可，然后单击 OK 按钮。在同意用户使用协议界面，勾选确认同意复选框，并单击 Continue 按钮，如图 4-22 所示。

图 4-22 用户使用协议

确定是否需要进行数据共享，可以直接单击 Don't send 按钮，如图 4-23 所示。

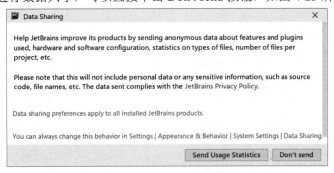

图 4-23 数据共享设置

选择主题，左边为黑色主题，右边为白色主题，根据需要进行选择，这里我们选择 Light 类型，并单击 Next:Featured plugins 按钮继续后面的插件配置，如图 4-24 所示。

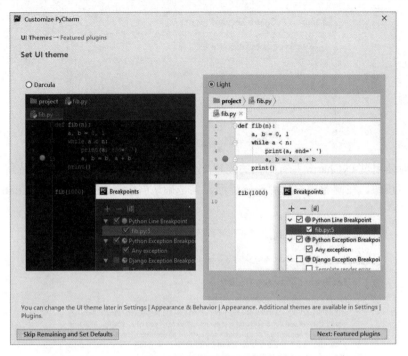

图 4-24　选择软件主题

下载插件，可以根据需要下载，也可以不安装，单击 Start using PyCharm 按钮，如图 4-25 所示。

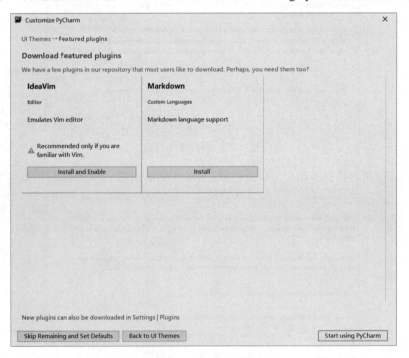

图 4-25　下载相关插件

设置完成后，单击 Create New Project 选项，开始创建一个新的 Python 项目，如图 4-26 所示。

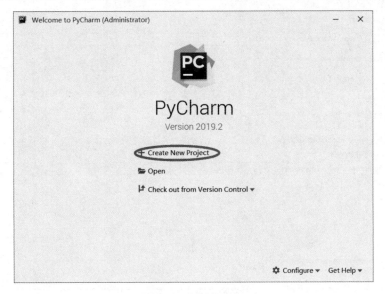

图 4-26　创建新项目

在创建新项目界面。在 Location 中设置项目名称并选择解释器，注意：这里默认使用 Python 的虚拟环境，即第一个 New environment using 单选按钮，再单击 Create 按钮，如图 4-27 所示。

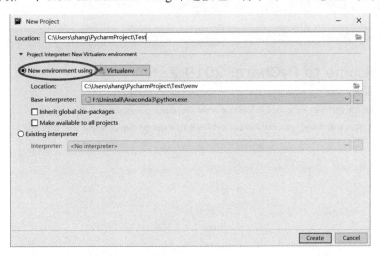

图 4-27　配置新项目

如果不使用虚拟环境，一定要修改，就选择第二个 Existing interpreter 单选按钮，然后选择需要添加的解释器，再单击 Create 按钮，如图 4-28 所示。

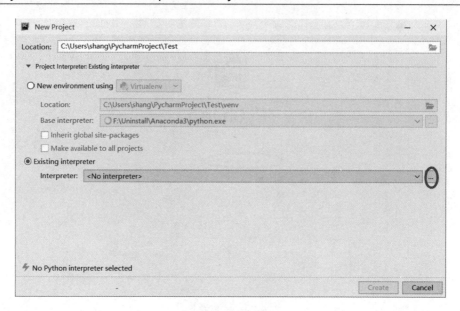

图 4-28　配置解释器

在弹出的 PyCharm 欢迎界面，取消勾选 Show tips on startup 复选框，不用每次都打开欢迎界面，单击 Close 按钮，退出使用指导过程，如图 4-29 所示。

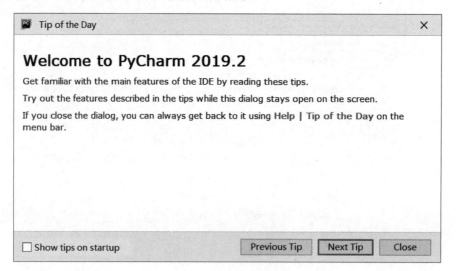

图 4-29　欢迎界面

创建 Python 文件，在项目名称的位置右击，依次选择 New→Python File 选项，如图 4-30 所示。

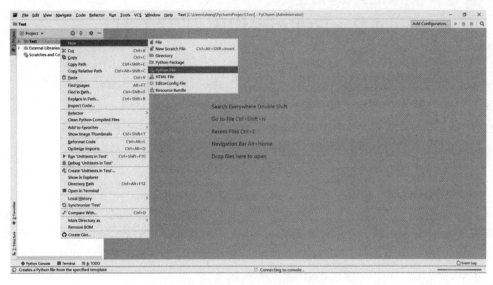

图 4-30　新建 Python 文件

输入文件名称 Hello，并按 Enter 键即可，如图 4-31 所示。

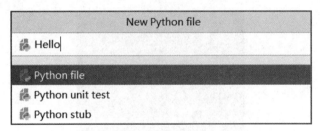

图 4-31　输入文件名称

在文件中输入代码：print("Hello Python!");，然后在文件中任意空白位置右击，选择"Run 'Hello'"
选项，在界面的下方显示 Python 代码的运行结果，PyCharm 已经正常安装和配置，如图 4-32 所示。

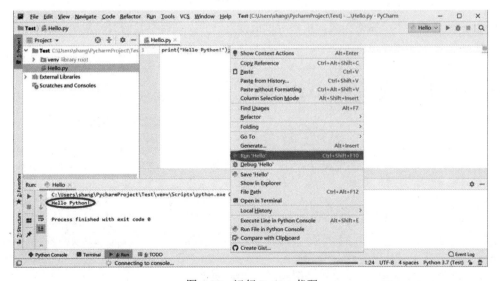

图 4-32　运行 Python 代码

4.2 Python 代码开发工具

Python 的常用代码开发工具有 Spyder、Jupyter Notebook 和 Jupyter Lab，由于本书研究的是数据可视化技术，需要经常展示一些图表，相对而言，个人认为 Jupyter Lab 这个工具比较适合。为什么合适，这个需要读者在研读完本书后才会理解，当然每个人有自己的编程工具喜好，可以根据个人实际情况进行选择。下面逐一进行介绍。

4.2.1 Spyder

安装 Anaconda 后，默认已经安装 Spyder，因此不需要再单独安装。Spyder 是 Python 的作者为它开发的一个简单的集成开发环境，与其他的开发环境相比，它最大的优点就是模仿 MATLAB 的"工作空间"功能，可以方便地观察和修改数组的值。

Anaconda 安装成功后，默认会将 Spyder 的启动程序添加到环境变量中，可以通过单击计算机的"开始"按钮，然后单击其快捷方式启动，启动程序为 Spyder，如图 4-33 所示。

图 4-33 Spyder 启动程序

Spyder 的界面由多个窗格构成，用户可以根据自己的喜好调整它们的位置和大小，如图 4-34 所示。

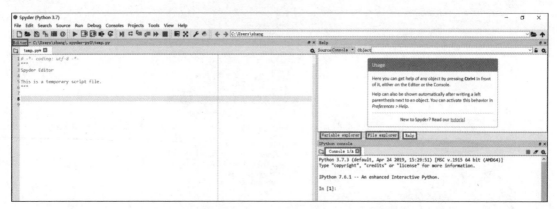

图 4-34 Spyder 界面

从图 4-34 中可以看到 Editor、Console、Variable explorer、File explorer、Help 等窗格。表 4-1 中列出了 Spyder 的主要窗格及其作用。

表 4-1　Spyder 主要窗格

窗格名称	作　　用
Editor	编辑程序，可用标签页的形式编辑多个程序文件
Console	在别的进程中运行的 Python 控制台
Variable explorer	显示 Python 控制台中的变量列表
File explorer	文件浏览器，用于打开程序文件或者切换当前路径
Help	查看对象的说明文档

在使用 Spyder 进行代码开发时，需要在 Editor 窗格的空白区域编写代码。编写完毕后，可以通过工具栏上的运行按钮运行程序，如果正常执行，就可以在界面右下方的 Console 窗格中看到结果和报错信息等，如图 4-35 所示。

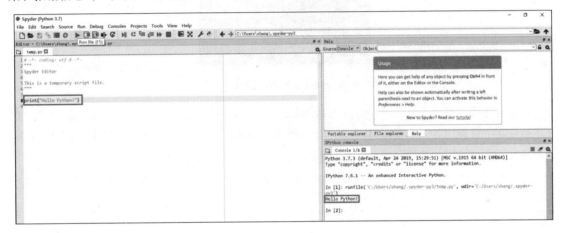

图 4-35　运行示例程序

快捷键可以方便我们进行代码的开发和测试，Spyder 的常用快捷键如表 4-2 所示。此外，可以通过 Tools→Preferences→Keyboard Shortcut 查看所有快捷键。

表 4-2　Spyder 主要快捷键

快　捷　键	中文名称
Ctrl+R	替换文本
Ctrl+1	单行注释，单次注释，双次取消注释
Ctrl+4	块注释，单次注释，双次取消注释
F5	运行程序
Ctrl+P	文件切换
Ctrl+L	清除 Shell
Ctrl+I	查看某个函数的帮助文档
Ctrl+Shift+V	调出变量窗口
Ctrl+Up	回到文档开头
Ctrl+Down	回到文档末尾

4.2.2　Jupyter Notebook

Jupyter Notebook 是一个在浏览器中使用的交互式笔记本，可以实现将代码、文字完美结合起来，用户大多数是一些从事数据科学相关领域（机器学习、数据分析等）的人员。下面介绍 Jupyter Notebook 的常用功能。

Anaconda 安装成功后，默认会将 Jupyter Notebook 的启动程序添加到环境变量中，启动程序为 Jupyter Notebook，如图 4-36 所示。

图 4-36　Jupyter Notebook 启动程序

启动前需要说明一个概念，Jupyter Notebook 中有一个叫作工作空间（工作目录）的概念，也就是想在哪个目录进行之后的编程工作，就在哪个目录启动它。程序启动后，浏览器会自动打开 Jupyter Notebook 窗口，如图 4-37 所示，说明 Jupyter Notebook 安装成功。

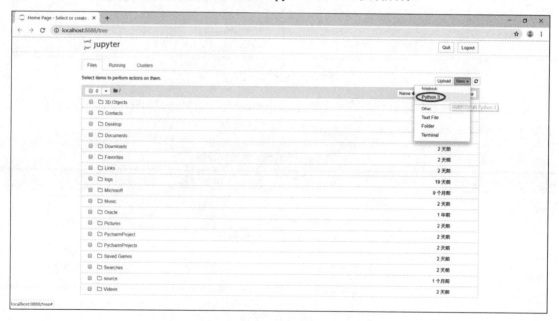

图 4-37　Jupyter Notebook 窗口

新建 Notebook，打开的界面主要包含图 4-37 所示的几个菜单。我们单击 New 下的 Python 3，创建一个 Python 3 的 .ipynb 文件，如图 4-38 所示。

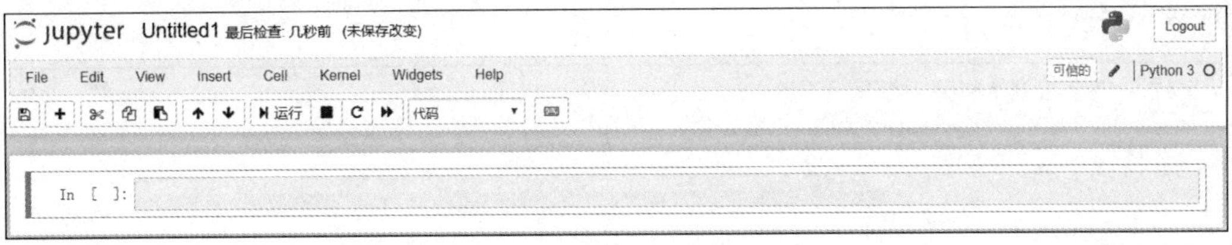

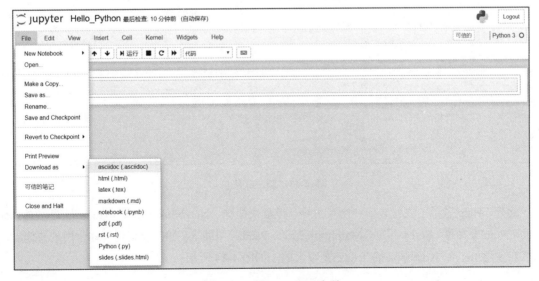

图 4-38　新建 Notebook

可以看到，每一个 Notebook 主要包含 4 个区域：文件名、菜单栏、工具栏和内容编辑。

要修改文件名，单击界面上方的文件名 Untitled1，可以重命名当前 Notebook 的文件名，这里修改为 Hello_Python，再单击"重命名"按钮即可，如图 4-39 所示。

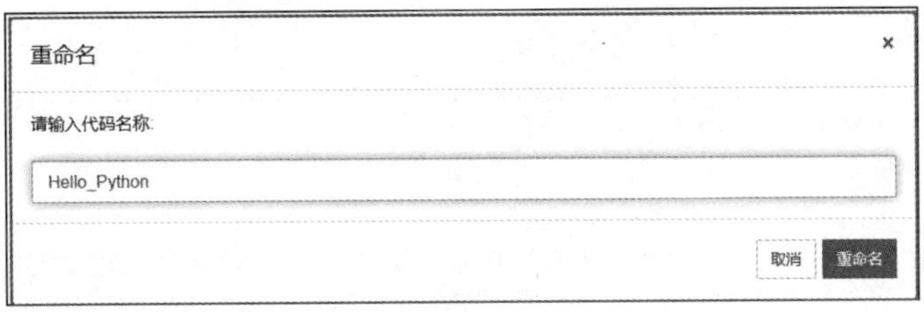

图 4-39　输入代码名称

下面重点介绍几个常用的菜单栏及其作用。

File 菜单中主要包含：创建新的 Notebook、打开新的界面、复制当前 Notebook、保存当前 Notebook、重命名 Notebook、保存还原点、恢复到指定还原点、查看 Notebook 预览、下载 Notebook、关闭 Notebook 等。

注意 Download as 选项，它可以将当前 Notebook 转为 HTML 文件、LaTeX 文件、Markdown 文件、Notebook 文件、PDF 文件、RST 文件、PY 文件等，如图 4-40 所示。

图 4-40　Download as 选项

Insert 菜单中包含在当前位置的下方插入一个新的单元格、在当前位置的上方插入一个新的单元格，如图 4-41 所示。

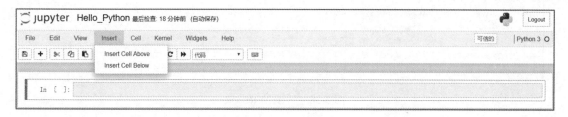

图 4-41　Insert 菜单

Cell 菜单主要包含运行 Cells、运行 Cells 并在之后插入新的 Cell、运行所有的 Cells、运行当前之上的所有 Cells、运行当前之下的所有 Cells、改变 Cells 的类型（Code、Markdown、Raw NBConvert）等，如图 4-42 所示。

图 4-42　Cell 菜单

Kernel 菜单主要包含中断 Kernel、重启 Kernel、重启 Kernel 并清除输出、重启 Kernel 并运行所有的 Cells、重连 Kernel、关闭 Kernel、改变 Kernel 类型，如图 4-43 所示。

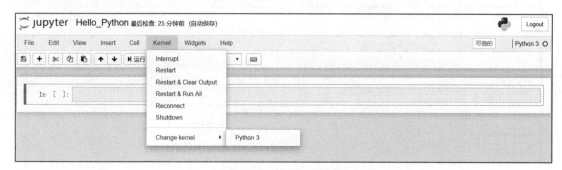

图 4-43　Kernel 菜单

此外，Help 菜单主要包含用户交互引导、键盘快捷键、Notebook 帮助、Python 帮助、IPython 帮助、NumPy 帮助、SciPy 帮助、Matplotlib 帮助、Pandas 帮助等。如果能记住一些常用的快捷键，那么对使用 Jupyter Notebook 的帮助还是很大的，如图 4-44 所示。

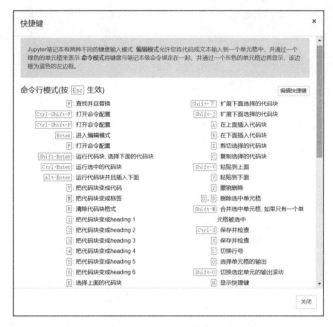

图 4-44　键盘快捷键

工具栏上的图标依次为：保存还原点、在当前位置之下添加 Cell、剪切当前 Cell、复制选择的 Cell、拷贝选择的 Cell、上移选中的 Cell、下移选中的 Cell、运行 Cell、中断 Kernel、重启 Kernel 等，如图 4-45 所示。很明显，工具栏中的功能大多是菜单栏中一部分功能的体现，主要是为了方便寻找。

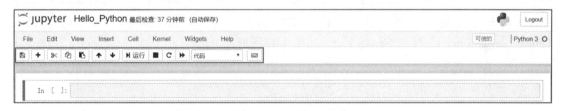

图 4-45　工具栏

如果想要运行 Python 代码，其实很简单，因为 Python 代码最后都是在 Cell 中编写的。首先在 Cell 中编写 Python 代码，然后单击"运行"按钮，可以直接在界面下方看到结果。我们可以发现，第一个 Cell 前面有"In [1]:"提示符，第二个 Cell 前面有"In [2]:"提示符，如图 4-46 所示。

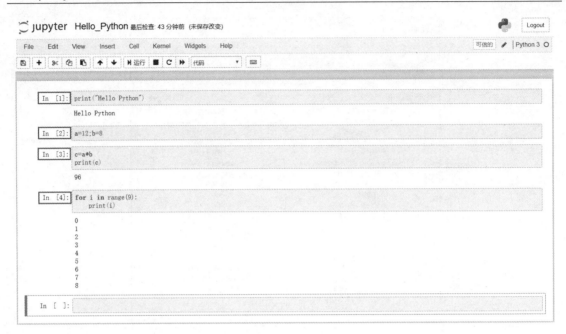

图 4-46 运行代码

4.2.3 Jupyter Lab

Jupyter Lab 源于 IPython Notebook，是使用 Python（R、Julia、Node 等其他语言的内核）进行代码演示、数据分析、可视化、教学的很好的工具，对 Python 的愈加流行和在 AI 领域的领导地位有很大的推动作用，这是本书默认使用的代码开发工具。可以通过 Try Jupyter 网站（https://jupyter.org/try）使用 Jupyter Lab，如图 4-47 所示。

图 4-47 Jupyter Lab 简介

Jupyter Lab 是 Jupyter 的一个拓展，提供了更好的用户体验，例如可以同时在一个浏览器页面打开编辑多个 Notebook、IPython Console 和 Terminal 终端，并且支持预览和编辑更多种类的文件，如代码文件、Markdown 文档、JSON 文件和各种格式的图片等，还可以使用 Jupyter Lab 连接 Google Drive 等云存储服务，从而极大地提升工作效率，如图 4-48 所示。

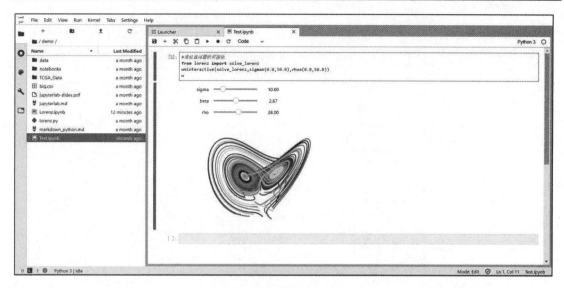

图 4-48　演示 Jupyter Lab

安装 Anaconda 后，默认安装了 pip，但是没有安装 Jupyter Lab，我们可以通过 pip 来安装 Jupyter Lab。首先需要打开 Anaconda Prompt，然后输入 pip install jupyterlab 进行安装，如图 4-49 所示。

图 4-49　安装 Jupyter Lab

Jupyter Lab 会继承 Jupyter Notebook 的配置，如地址、端口、密码等。运行 Jupyter Lab 的方式比较简单，只需要在 Anaconda Prompt 中输入 jupyter lab 即可，如图 4-50 所示。

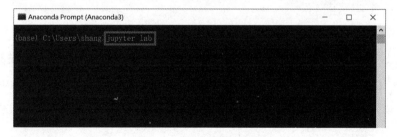

图 4-50　启动 Jupyter Lab

Jupyter Lab 程序启动后，浏览器会自动打开编程窗口，默认地址是 http://localhost:8888，如图 4-51 所示，说明 Jupyter Lab 安装成功。从图 4-51 中可以看出，Jupyter Lab 界面左边是存放笔记本的工作路径，右边是我们需要创建的笔记本类型，当然还可以根据需要添加其他类型的 Kernel，如 R 等。

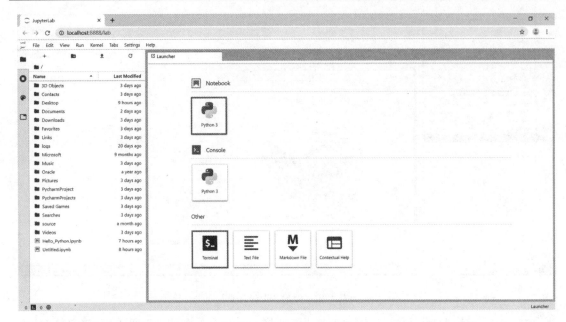

图 4-51　Jupyter Lab 界面

　　我们可以对 Jupyter Lab 的参数进行修改，如对远程访问、工作路径等进行设置，配置文件位于 C 盘系统用户名下的.jupyter 文件夹中，文件名称为 jupyter_notebook_config.py。

　　如果配置文件不存在，就需要自行创建，单击图 4-51 中 Other 下的 Terminal，使用 jupyter notebook--generate-config 命令生成配置文件，并且会显示出文件的存储路径及名称，如图 4-52 所示。

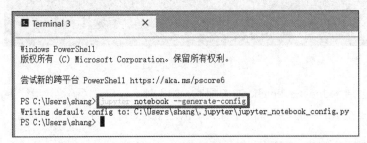

图 4-52　配置 Jupyter Lab

　　Jupyter Lab 提供了一个命令来设置密码：jupyter notebook password，生成的密码存储在 jupyter_notebook_config.json 文件中，下方将会显示文件的路径及名称，如图 4-53 所示。

图 4-53　配置 Jupyter Lab 密码

如果需要允许远程登录，那么还需要在 jupyter_notebook_config.py 中找到下面几行代码，取消注释并根据项目的实际情况进行修改，修改后的配置如下：

```
c.NotebookApp.ip = '*'
c.NotebookApp.open_browser = False
c.NotebookApp.port = 8888
```

如果需要修改 Jupyter Lab 的默认工作路径，就需要找到下面的代码，取消注释并根据项目的实际情况进行修改，修改后的配置如下：

```
c.NotebookApp.notebook_dir = u'D:\\Python for Matplotlib and pyecharts'
```

待需要配置的参数都修改后，需要重新启动 Jupyter Lab 才能生效，首先需要输入刚刚配置的密码，如图 4-54 所示。

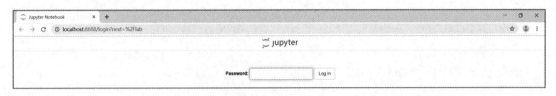

图 4-54　输入密码

输入密码后，单击 Log in 按钮，在新的编程窗口中，工作路径发生了变化，现在呈现的就是 D 盘 Python for Matplotlib and pyecharts 文件夹下的文件，如图 4-55 所示。

图 4-55　登录 Jupyter Lab

4.3 Python 连接数据源

4.3.1 连接单个文件数据

1. 读取 TXT 文件数据案例

Python 可以直接读取 TXT 文件数据，并对数据进行可视化分析，案例如下：

```
# -*- coding: utf-8 -*-
"""
连接 TXT 数据文件案例
"""


#声明 Notebook 类型，必须在引入 pyecharts.charts 等模块前声明
from pyecharts.globals import CurrentConfig, NotebookType
CurrentConfig.NOTEBOOK_TYPE = NotebookType.JUPYTER_LAB


from pyecharts import options as opts
from pyecharts.charts import Bar, Page
from pymysql import *
import Pandas as pd
import pymysql
from Matplotlib import pyplot as plt
import Matplotlib.dates as mdates
from datetime import datetime
import codecs
plt.rcParams['font.sans-serif'] = ['SimHei']    #中文字体设置


#读取本地文本文件
with open('D:/Python for Matplotlib and pyecharts/data/orders.txt', mode='r',
encoding='utf-8') as file_object:  # 打开 TXT 文件，以'utf-8'编码读取
    lines=file_object.readlines()
file1=[]
row=[]
for line in lines:
    row=line.split(",")    #指定空格作为分隔符对 line 进行切片
    file1.append(row)


v1=[]
v2=[]
```

```
v3=[]
for row1 in file1:
    v1.append(row1[0])
    v2.append(row1[1])
    v3.append(row1[2])

del v1[0]
del v2[0]
del v3[0]

int_v2=[]
for str_h in v2:
    a=int(float(str_h))
    int_v2.append(a)

int_v3=[]
for str_l in v3:
    a=int(float(str_l))
    int_v3.append(a)

#画图
def bar_base() -> Bar:
    c = (
        Bar()
        .add_xaxis(v1)
        .add_yaxis("销售额", int_v2)
        .add_yaxis("利润额", int_v3)
        .set_global_opts(title_opts=opts.TitleOpts(title="企业销售业绩分析",
subtitle="12 月销售业绩"),toolbox_opts=opts.ToolboxOpts())
    )
    return c

#第一次渲染时调用 load_javasrcript 文件
bar_base().load_javascript()
#展示数据可视化图表
bar_base().render_notebook()
```

在 Jupyter Lab 中运行上述代码，生成如图 4-56 所示的可视化视图。

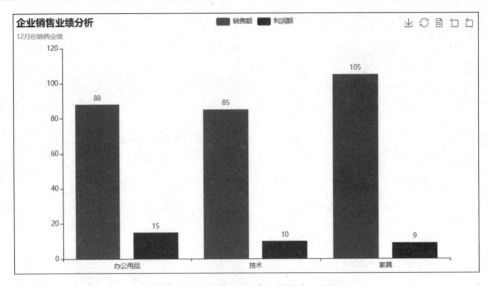

图 4-56 销售额和利润额的条形图

2. 读取 CSV 文件数据案例

Python 可以直接读取 CSV 文件数据，并对数据进行可视化分析，案例如下：

```python
# -*- coding: utf-8 -*-
"""
连接 CSV 文件数据案例
"""

#声明 Notebook 类型，必须在引入 pyecharts.charts 等模块前声明
from pyecharts.globals import CurrentConfig, NotebookType
CurrentConfig.NOTEBOOK_TYPE = NotebookType.JUPYTER_LAB

from pyecharts import options as opts
from pyecharts.charts import Bar, Page
import csv

filename='D:/Python for Matplotlib and pyecharts/data/orders.csv'
#打开文件并将结果文件对象存储在 f 中
with open(filename,encoding='utf-8') as f:
    #创建一个与该文件相关联的 reader 对象
    reader=csv.reader(f)
    #只调用一次 next()方法，得到文件的第一行，将第一行数据中的每一个元素存储在列表中
    header_row=next(reader)

    #print(reader)
    #print(header_row)
```

```
    #从文件中获取列数据
    v1=[]
    v2=[]
    v3=[]
    #遍历文件中余下的各行
    #reader 对象从其当前所在的位置继续读取 CSV 文件，每次都自动返回当前所处位置的下一行
    for row in reader:
        #转换为数字
        t_v1=row[0]
        v1.append(t_v1)
        t_v2=row[1]
        v2.append(t_v2)
        t_v3=row[2]
        v3.append(t_v3)


#画图形
def bar_toolbox() -> Bar:
    c = (
        Bar()
        .add_xaxis(v1)
        .add_yaxis("销售额", v2)
        .add_yaxis("利润额", v3)
        #.reversal_axis()     #翻转 XY 轴，水平条形图
        .set_global_opts(
            title_opts=opts.TitleOpts(title="12 月份企业销售业绩分析"),
            yaxis_opts=opts.AxisOpts(name="销售额与利润额"),
            xaxis_opts=opts.AxisOpts(name="产品类型"),
            toolbox_opts=opts.ToolboxOpts(),
            legend_opts=opts.LegendOpts(is_show=True),
        )
    )
    return c


#第一次渲染时调用 load_javasrcript 文件
bar_toolbox().load_javascript()
#展示数据可视化图表
bar_toolbox().render_notebook()
```

在 Jupyter Lab 中运行上述代码，生成如图 4-57 所示的可视化视图。

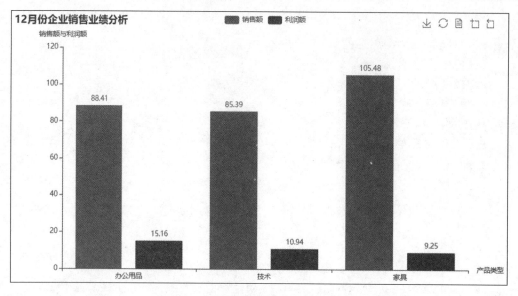

图 4-57　销售额和利润额的条形图

3. 读取 XLS 文件数据案例

Python 可以直接读取 XLS 文件数据，并对数据进行可视化分析，案例如下：

```
# -*- coding: utf-8 -*-
"""
连接 XLS 数据文件案例
"""


#声明 Notebook 类型，必须在引入 pyecharts.charts 等模块前声明
from pyecharts.globals import CurrentConfig, NotebookType
CurrentConfig.NOTEBOOK_TYPE = NotebookType.JUPYTER_LAB


from pyecharts import options as opts
from pyecharts.charts import Bar, Page
import Pandas as pd
import xlrd


# 打开文件
data = pd.read_excel('D:/Python for Matplotlib and pyecharts/data/orders.xls')
#读取 Excel 文件，创建 DataFrame
# 获取一列的数值
v1 = list(data['category'])
v2 = list(data['x'])
v3 = list(data['y'])


#画图形
def bar_toolbox() -> Bar:
```

```
    c = (
        Bar()
        .add_xaxis(v1)
        .add_yaxis("销售额", v2)
        .add_yaxis("利润额", v3)
        #.reversal_axis()    #翻转 XY 轴，水平条形图
        .set_global_opts(
            title_opts=opts.TitleOpts(title="12 月份不同类型商品销售情况分析"),
            yaxis_opts=opts.AxisOpts(name="销售额与利润额"),
            xaxis_opts=opts.AxisOpts(name="商品类型"),
            toolbox_opts=opts.ToolboxOpts(),
            legend_opts=opts.LegendOpts(is_show=True),
        )
    )
    return c

#第一次渲染时调用 load_javasrcript 文件
bar_toolbox().load_javascript()
#展示数据可视化图表
bar_toolbox().render_notebook()
```

在 Jupyter Lab 中运行上述代码，生成如图 4-58 所示的可视化视图。

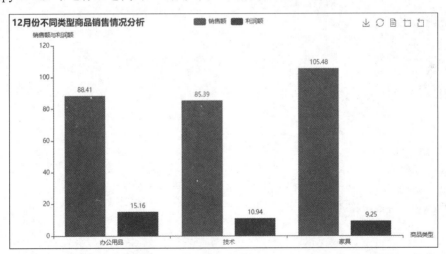

图 4-58　销售额和利润额的条形图

4. 读取 XLSX 文件数据

Python 可以直接读取 XLSX 文件数据，并对数据进行可视化分析，案例如下：

```
# -*- coding: utf-8 -*-
"""
连接 XLSX 数据文件案例
"""
```

```python
#声明 Notebook 类型，必须在引入 pyecharts.charts 等模块前声明
from pyecharts.globals import CurrentConfig, NotebookType
CurrentConfig.NOTEBOOK_TYPE = NotebookType.JUPYTER_LAB

from pyecharts import options as opts
from pyecharts.charts import Bar, Page
import xlrd

# 打开文件
data = xlrd.open_workbook('D:/Python for Matplotlib and
pyecharts/data/orders.xlsx')
table = data.sheet_by_index(0)
# 获取总行数
nrows = table.nrows
# 获取总列数
ncols = table.ncols
# 获取一列的数值，例如第 1 列
v1 = table.col_values(0)
v2 = table.col_values(1)
v3 = table.col_values(2)

del v1[0]
del v2[0]
del v3[0]

#画图形
def bar_toolbox() -> Bar:
    c = (
        Bar()
        .add_xaxis(v1)
        .add_yaxis("销售额", v2)
        .add_yaxis("利润额", v3)
        #.reversal_axis()          #翻转 XY 轴，水平条形图
        .set_global_opts(
            title_opts=opts.TitleOpts(title="12 月份不同类型商品销售情况分析"),
            yaxis_opts=opts.AxisOpts(name="销售额与利润额"),
            xaxis_opts=opts.AxisOpts(name="商品类型"),
            toolbox_opts=opts.ToolboxOpts(),
            legend_opts=opts.LegendOpts(is_show=True),
        )
    )
    return c
```

```
#第一次渲染时调用 load_javasrcript 文件
bar_toolbox().load_javascript()
#展示数据可视化图表
bar_toolbox().render_notebook()
```

在 Jupyter Lab 中运行上述代码，生成如图 4-59 所示的可视化视图。

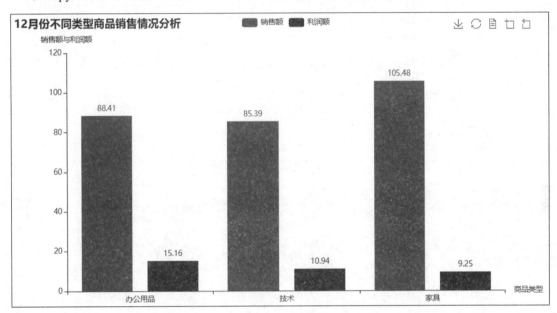

图 4-59　销售额和利润额的条形图

4.3.2　连接关系型数据库

1. 读取 MySQL 数据库数据

Python 可以直接读取 MySQL 数据库的数据，并对数据进行可视化分析，案例如下：

```
# -*- coding: utf-8 -*-
"""
连接 MySQL 数据库案例
"""

#声明 Notebook 类型，必须在引入 pyecharts.charts 等模块前声明
from pyecharts.globals import CurrentConfig, NotebookType
CurrentConfig.NOTEBOOK_TYPE = NotebookType.JUPYTER_LAB

from pyecharts import options as opts
from pyecharts.charts import Bar, Page
from pymysql import *
```

```
#连接 MySQL 数据库
v1 = []
v2 = []
v3 = []
conn =
pymysql.connect(host='127.0.0.1',port=3306,user='root',password='root',db='sal
es',charset='utf8')
cursor = conn.cursor()
#读取 MySQL 数据
sql_num = "SELECT
category,ROUND(SUM(sales/10000),2),ROUND(SUM(profit/10000),2) FROM orders where
dt=2019 GROUP BY category"
cursor.execute(sql_num)
sh = cursor.fetchall()
for s in sh:
    v1.append(s[0])
    v2.append(s[1])
    v3.append(s[2])


#画图形
def bar_toolbox() -> Bar:
    c = (
        Bar()
        .add_xaxis(v1)
        .add_yaxis("销售额", v2)
        .add_yaxis("利润额", v3)
        #.reversal_axis()      #翻转 XY 轴，水平条形图
        .set_global_opts(    .
            title_opts=opts.TitleOpts(title="2019 年不同类型商品销售情况分析"),
            yaxis_opts=opts.AxisOpts(name="销售额与利润额"),
            xaxis_opts=opts.AxisOpts(name="商品类型"),
            toolbox_opts=opts.ToolboxOpts(),
            legend_opts=opts.LegendOpts(is_show=True),
        )
    )
    return c


#第一次渲染时调用 load_javasrcript 文件
bar_toolbox().load_javascript()
#展示数据可视化图表
bar_toolbox().render_notebook()
```

在 Jupyter Lab 中运行上述代码，生成如图 4-60 所示的可视化视图。

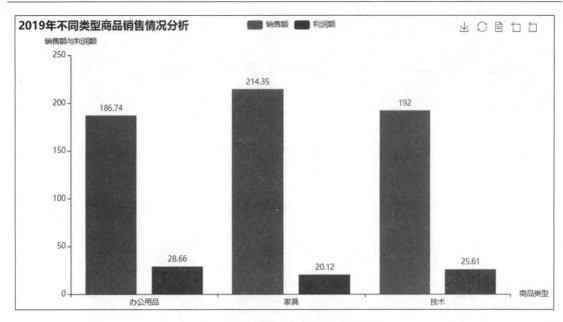

图 4-60　销售额和利润额的条形图

2. 读取 SQL Server 数据库数据

Python 可以直接读取 SQL Server 数据库的数据，并对数据进行可视化分析，案例如下：

```python
# -*- coding: utf-8 -*-
"""
连接 SQL Server 数据库案例
"""

#声明 Notebook 类型，必须在引入 pyecharts.charts 等模块前声明
from pyecharts.globals import CurrentConfig, NotebookType
CurrentConfig.NOTEBOOK_TYPE = NotebookType.JUPYTER_LAB

from pyecharts import options as opts
from pyecharts.charts import Bar, Page
import pymssql

#连接 SQL Server 数据库
v1 = []
v2 = []
v3 = []
conn =
pymssql.connect(host='192.168.1.107',user='sa',password='Wren2014',database='s
ales',charset='utf8')
```

```
    cursor = conn.cursor()
    #读取 SQL Server 数据
    sql_num = "SELECT manager,ROUND(SUM(sales/10000),2),ROUND(SUM(profit/10000),2)
FROM orders where dt=2019 GROUP BY manager"
    cursor.execute(sql_num)
    sh = cursor.fetchall()
    for s in sh:
        v1.append(s[0])
        v2.append(s[1])
        v3.append(s[2])


#画图形
def bar_toolbox() -> Bar:
    c = (
        Bar()
        .add_xaxis(v1)
        .add_yaxis("销售额", v2)
        .add_yaxis("利润额", v3)
        #.reversal_axis()    #翻转 XY 轴，水平条形图
        .set_global_opts(
            title_opts=opts.TitleOpts(title="2019 年区域销售经理业绩分析"),
            yaxis_opts=opts.AxisOpts(name="销售额与利润额"),
            xaxis_opts=opts.AxisOpts(name="销售经理"),
            toolbox_opts=opts.ToolboxOpts(),
            legend_opts=opts.LegendOpts(is_show=True),
        )
    )
    return c


#第一次渲染时调用 load_javasrcript 文件
bar_toolbox().load_javascript()
#展示数据可视化图表
bar_toolbox().render_notebook()
```

在 Jupyter Lab 中运行上述代码，生成如图 4-61 所示的可视化视图。

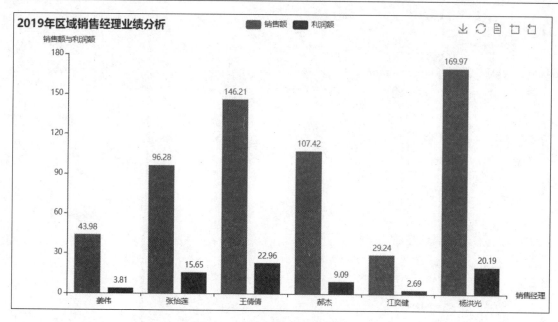

图 4-61　销售额和利润额的条形图

4.3.3　连接 Hadoop 集群

　　Python 可以直接读取 Hadoop 集群中的非结构化数据，并对数据进行可视化分析，需要安装依赖的包 impyla、thirft、thirftpy2，然后执行连接程序即可。

　　连接 Hadoop 集群，并生成有效订单与有效客户的直方图，案例代码如下：

```
# -*- coding: utf-8 -*-
"""
连接 Hadoop 集群案例
"""

#声明 Notebook 类型，必须在引入 pyecharts.charts 等模块前声明
from pyecharts.globals import CurrentConfig, NotebookType
CurrentConfig.NOTEBOOK_TYPE = NotebookType.JUPYTER_LAB

from pyecharts import options as opts
from pyecharts.charts import Bar, Page
from impala.dbapi import connect

#连接 Hadoop 数据库
v1 = []
v2 = []
```

```
    v3 = []
    conn = connect(host='192.168.1.7', port=10000,
database='sales',auth_mechanism='NOSASL',user='root')
    cursor = conn.cursor()

    #读取 Hadoop 表数据
    sql_num = "SELECT region,count(distinct order_id),count(distinct cust_id) FROM
orders WHERE dt=2019 and return=0 GROUP BY region"
    cursor.execute(sql_num)
    sh = cursor.fetchall()
    for s in sh:
        v1.append(s[0])
        v2.append(s[1])
        v3.append(s[2])

    #画直方图
    def bar_toolbox() -> Bar:
        c = (
            Bar()
            .add_xaxis(v1)
            .add_yaxis("有效订单数", v2)
            .add_yaxis("有效客户数", v3, is_selected=True)          #is_selected 默认是
False, 即不选中
            .set_global_opts(
                title_opts=opts.TitleOpts(title="有效订单与有效客户分析",
subtitle="2019 年企业经营状况分析"),
                toolbox_opts=opts.ToolboxOpts(),
                legend_opts=opts.LegendOpts(is_show=True)
            )
        )
        return c

    #第一次渲染时调用 load_javasrcript 文件
    bar_toolbox().load_javascript()
    #展示数据可视化图表
    bar_toolbox().render_notebook()
```

在 Jupyter Lab 中运行上述代码，生成如图 4-62 所示的可视化视图。

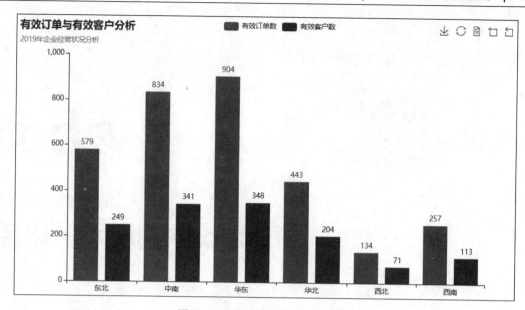

图 4-62　销售额和利润额的条形图

第 **5** 章

Python 数据可视化库

本章我们将结合实际案例介绍 Python 的主要数据可视化库，包括 Matplotlib、Pyecharts、Seaborn、ggplot、Bokeh、Pygal、Plotly、NetworkX 等。

5.1 Matplotlib

5.1.1 Matplotlib 库简介

Matplotlib 是一个比较重要的 Python 绘图库，它基于 NumPy 的数组运算功能，绘图功能非常强大，已经成为 Python 中公认的数据可视化工具，通过 Matplotlib 可以很轻松地画一些简单或复杂的图形，几行代码即可生成线图、直方图、功率谱、条形图、错误图、散点图等。

Python 绘图库众多，各有其特点，但是 Maplotlib 是基础的 Python 可视化库，如果需要学习 Python 数据可视化，那么一定要学习 Maplotlib，然后学习其他库进行纵横向的拓展。Matplotlib 的中文学习资料比较丰富，其中最好的学习资料还是其帮助文档，地址为：https://www.Matplotlib.org.cn/，读者可以在上面查阅自己感兴趣的视图类型。

安装 Anaconda 后，会默认安装 Matplotlib 库，如果要单独安装，那么可以通过 pip 命令实现，前提是需要先安装 pip 包，命令为：pip install Matplotlib。

5.1.2 Matplotlib 可视化案例

下面演示一个比较简单的 Matplotlib 数据可视化的例子。例如，需要按照组和性别统计某次考核的成绩，通过条形图对结果进行可视化，具体代码如下：

```
# -*- coding: utf-8 -*-#
```

```
import Numpy as np
import Matplotlib.pyplot as plt

#图形显示中文
plt.rcParams['font.sans-serif']=['SimHei']
plt.rcParams['axes.unicode_minus'] = False

N = 5      #组数
menMeans = (20, 35, 30, 35, 27)
womenMeans = (25, 32, 34, 20, 25)
menStd = (2, 3, 4, 1, 2)
womenStd = (3, 5, 2, 3, 3)
ind = np.arange(N)        #组的位置
width = 0.35              #条形图的宽度

p1 = plt.bar(ind, menMeans, width, yerr=menStd)
p2 = plt.bar(ind, womenMeans, width,
          bottom=menMeans, yerr=womenStd)

plt.ylabel('得分')
plt.title('按照组和性别统计得分')
plt.xticks(ind, ('组1', '组2', '组3', '组4', '组5'))
plt.yticks(np.arange(0, 81, 10))
plt.legend((p1[0], p2[0]), ('男', '女'))

plt.show()
```

通过运行上面的代码可以绘制出学生考试成绩的条形图，如图 5-1 所示。从图中可以清楚地看出每个组的得分情况，以及每个组中男女的得分情况。

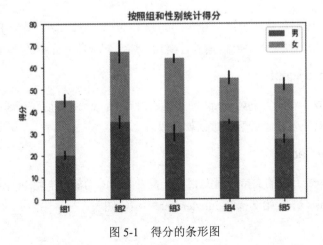

图 5-1　得分的条形图

前面只是简单地举例说明 Matplotlib 的绘图过程，在本书的第二部分 Matplotlib 数据可视化中，我们还将深入讲解 Matplotlib 可视化方面的应用及技巧等。

5.2　Pyecharts

5.2.1　Pyecharts 库简介

Pyecharts 是一个用于生成 Echarts 图表的类库，可以与 Python 进行对接，方便在 Python 中直接使用数据生成图。Echarts 是百度开源的一个数据可视化 JS 库，生成的图可视化效果非常棒，凭借着良好的交互性，精巧的图表设计，得到了众多开发者的认可。

Pyecharts 分为 v0.5.X 和 v1 两个大版本，v0.5.X 和 v1 间不兼容，v1 是一个全新的版本。Pyecharts 经过了半年的沉寂后，终于发布了新版本，新版本号将从 v1.0.0 开始，这是一个全新的、向下不兼容的 Pyecharts 版本，类似于 Python 3 与 Python 2。不过，如果开发者以前接触过 Pyecharts，新版本就很容易上手。

截至 2019 年 11 月，Pyecharts 的最新版本为 1.5.1，具有以下特点：

1. 全面拥抱 Python 3 和 TypeHint

Pyecharts v1 停止对 Python 2.7 及 Python 3.4~3.5 版本的支持和维护，仅支持 Python 3.6+。如果还不知道什么是 TypeHint 的同学，建议尽早学习。

2. 弃用插件机制

Pyecharts v1 废除原有的插件机制，包括地图包插件和主题插件，插件的本质是提供 Pyecharts 运行所需的静态资源文件，所以现在开放了两种模式提供静态资源文件：online 模式，使用 Pyecharts 官方提供的 assetshost，或者部署自己的 remotehost；local 模式，使用自己本地开启的文件服务提供 assetshost。

3. 更加轻量级

新版本的 Pyecharts 只依赖两个第三方库：jinja2 和 prettytable。这意味着 Pyecharts 总体的体积将变小，安装更加轻松，也可以很方便地进行离线安装，配合前面介绍的 local 模式。

4. 支持原生 JavaScript

Pyecharts 0.5.X 版本对原生 JavaScript 的支持还很局限，v1 版本彻底打通了任督二脉，支持传入任意的 JavaScript 代码及任意的配置项回调函数。

5. 支持 Jupyter Lab

Pyecharts 对 Jupyter Lab 的支持一直是很多开发者关心的功能，毕竟 Jupyter Lab 号称是下一代的 Notebook。Pyecharts v1 开始支持在 Jupyter Lab 中渲染图表。

6. 代码风格重构

所有配置项均为面向对象程序设计（OOP），在新版本的 Pyecharts 中，一切皆选项，配置项种类更多，可操作性更强，可以画出更丰富的图表。Pyecharts 官方画廊 pyecharts/pyecharts-gallery。

7. 支持 Selenium/PhantomJS 渲染图片

不是必需的，无此需求的开发者可忽略，并不会影响正常的使用。Pyecharts v1 提供两种模式渲染图片：Selenium 和 PhantomJS，分别需要安装 snapshot-selenium 和 snapshot-phantomjs。

8. 新增更多的图表类型

新增了图表类型和组件类型，如旭日图、百度地图等。

5.2.2　Pyecharts 可视化案例

下面演示一个比较简单的 Matplotlib 数据可视化的例子。例如，需要按照组和性别统计某次考核的成绩，通过条形图对结果进行可视化，具体代码如下：

```
# -*- coding: utf-8 -*-

#声明 Notebook 类型，必须在引入 pyecharts.charts 等模块前声明
from pyecharts.globals import CurrentConfig, NotebookType
CurrentConfig.NOTEBOOK_TYPE = NotebookType.JUPYTER_LAB

from pyecharts import options as opts
from pyecharts.charts import Bar, Page
from impala.dbapi import connect

bar = Bar()
bar.add_xaxis(["数学", "语文", "英语", "政治", "历史", "地理", "物理", "化学", "生物"])
bar.add_yaxis("班级 A", [134, 125, 127, 89, 95, 87, 85, 88, 89])
bar.add_yaxis("班级 B", [131, 128, 129, 87, 92, 88, 86, 85, 92])
bar.set_global_opts(title_opts=opts.TitleOpts(title="学生考试成绩比较分析",
subtitle="2019 年班级 A 和班级 B 期末考试"),
    )

#第一次渲染时调用 load_javasrcript 文件
bar.load_javascript()

#展示数据可视化图表
bar.render_notebook()
```

通过运行上面的代码可以绘制出学生考试成绩的条形图，如图 5-2 所示，从图中可以清楚地看

出班级 A 和班级 B 各科平均得分情况。

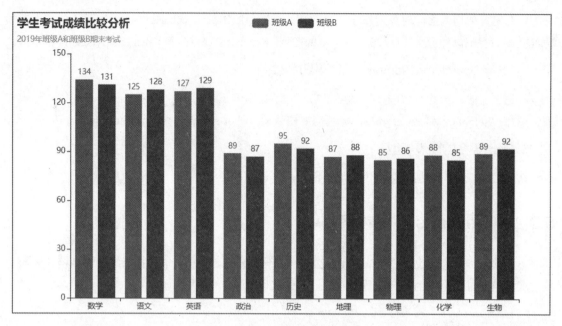

图 5-2　学生考试成绩分析

上面只是简单地举例说明 Pyecharts 的绘图过程，在本书的第三部分 Pyecharts 数据可视化中，我们还将深入讲解 Pyecharts 在可视化方面的应用及技巧等。

5.3　Seaborn

5.3.1　Seaborn 库简介

Seaborn 同 Matplotlib 一样，也是 Python 进行数据可视化分析的重要第三方包。但 Seaborn 在 Matplotlib 的基础上进行了更高级的 API 封装，使得作图更加容易，图形更加漂亮。Seaborn 是基于 Matplotlib 产生的一个模块，专攻统计可视化，可以和 Pandas 进行无缝链接，使初学者更容易上手。相对于 Matplotlib，Seaborn 语法更简洁，两者的关系类似于 NumPy 和 Pandas 之间的关系。

但是应该强调的是，应该把 Seaborn 视为 Matplotlib 的补充，而不是替代物。

安装 Anaconda 后，会默认安装 Seaborn 库，如果要单独安装，那么可以通过 pip 命令实现，前提是需要先安装 pip 包，代码为：pip install seaborn。

5.3.2　Seaborn 可视化案例

下面演示一个 Seaborn 数据可视化的例子。例如，如果要分析某企业每个月利润额的分布情况，可以通过直方图和密度图的形式进行可视化分析，数据存储在本地的 MySQL 数据库中，数据库名为 sales，使用的表为订单表 orders，具体代码如下：

```
# -*- coding: utf-8 -*-

import Numpy as np
import Pandas as pd
import Matplotlib.pyplot as plt
from Pandas import Series,DataFrame
import seaborn as sns
import pymysql

plt.rcParams['font.sans-serif']=['SimHei']
plt.rcParams['axes.unicode_minus'] = False

#连接 MySQL 数据库，数据库为 sales
v1 = []
v2 = []
conn =
pymysql.connect(host='127.0.0.1',port=3306,user='root',password='root',db='sal
es',charset='utf8')
cursor = conn.cursor()

#读取数据库中的数据，数据表为 orders
sql_num = "SELECT
year(order_date),MONTH(order_date),ROUND(SUM(profit)/10000,2) FROM orders GROUP
BY year(order_date),MONTH(order_date)"
cursor.execute(sql_num)
sh = cursor.fetchall()
for s in sh:
    v1.append(s[0])
    v2.append(s[2])

#直方图和密度图
sns.distplot(v2,hist=True,kde=True,rug=True)        #前两个默认就是 True,rug 是在最
下方显示出频率情况，默认为 False

# bins=20 表示等分为 20 份的效果，同样有 label 等参数
sns.kdeplot(v2,shade=True,color='r')     #shade 表示线下颜色为阴影，color 表示颜色是
红色
sns.rugplot(v2)        #在下方画出频率情况
```

通过运行上面的代码可以绘制出该企业近 3 年每个月利润额数据的直方图和密度图，如图 5-3 所示，从图中可以看出利润额基本呈现正态分布，平均值在 5.80 附近。

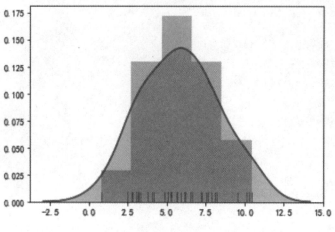

图 5-3 企业月利润额分析

5.4　ggplot

5.4.1　ggplot 库简介

　　ggplot 是基于 R 的 ggplot 2 和 Python 的绘图系统。它的构建是为了用最少的代码快速绘制既专业又美观的图表。ggplot 与 Python 中的 Pandas 有着共生关系。如果打算使用 ggplot，那么最好将数据保存在 DataFrames 中，即若想使用 ggplot，则先将数据转化为 DataFrame 形式。

　　注意，在安装好 ggplot 后，如果直接导入 ggplot，即 import ggplot，就会出现错误信息：AttributeError: module 'Pandas' has no attribute 'tslib'。这是由于 ggplot 环境配置的不兼容导致的，我们需要修改 smoothers.py 和 utils.py 两个文件，具体修改方法如下：

　　打开 smoothers.py，该文件位于 Anaconda3\Lib\site-packages\ggplot\stats 下，注释掉下面的代码，并增加相应的语句（注意下面仅展示了部分代码）：

```
from __future__ import (absolute_import, division,
print_function,unicode_literals)
import Numpy as np
from Pandas._libs.tslib import Timestamp       #需要添加的
#from Pandas.lib import Timestamp               #需要被注释掉的
import Pandas as pd
import statsmodels.api as sm
from statsmodels.nonparametric.smoothers_lowess import lowess as smlowess
from statsmodels.sandbox.regression.predstd import wls_prediction_std
from statsmodels.stats.outliers_influence import summary_table
import scipy.stats as stats
import datetime
```

```
date_types = (
    Timestamp,                      #需要添加的
    #pd.tslib.Timestamp,            #需要被注释掉的
    pd.DatetimeIndex,
    pd.Period,
    pd.PeriodIndex,
    datetime.datetime,
    datetime.time
)
```

此外，还需要修改 utils.py 文件，该文件位于 Anaconda3\Lib\site-packages\ggplot 下，注释掉部分代码，并增加相应的语句（注意下面仅展示了部分代码）：

```
from __future__ import (absolute_import, division,
print_function,unicode_literals)
from Pandas._libs.tslib import Timestamp as ts        #需要添加的
import Matplotlib.cbook as cbook
import Numpy as np
import Pandas as pd
import datetime

date_types = (
    ts,                             #需要添加的
    #pd.tslib.Timestamp,            #需要被注释掉的
    pd.DatetimeIndex,
    pd.Period,
    pd.PeriodIndex,
    datetime.datetime,
    datetime.time
)
```

通过上面对 smoothers.py 和 utils.py 两个文件的修改，我们就可以正常导入 ggplot 库了。

5.4.2　ggplot 可视化案例

下面演示一个简单的 ggplot 数据可视化的例子。例如，需要分析某企业 2019 年销售额情况，可以通过按销售日期绘制折线图的方法进行可视化分析，具体代码如下：

```
# -*- coding: utf-8 -*-

import Numpy as np
import Pandas as pd
import Matplotlib.pyplot as plt
from Pandas import Series,DataFrame
import ggplot as gp
```

```
import pymysql
plt.rcParams['font.sans-serif'] = ['SimHei']    #中文字体设置

#连接 MySQL 数据库
v1 = []
v2 = []
conn =
pymysql.connect(host='127.0.0.1',port=3306,user='root',password='root',db='sal
es',charset='utf8')
cursor = conn.cursor()

#读取 MySQL 数据
sql_num = "SELECT order_date,ROUND(SUM(sales)/10000,2) FROM orders where
dt=2019 GROUP BY order_date"
cursor.execute(sql_num)
sh = cursor.fetchall()
for s in sh:
    v1.append(s[0])
    v2.append(s[1])

meat =pd.DataFrame(list(sh),index=v1,columns=['订单日期','销售额'])
p=gp.ggplot(gp.aes(x='订单日期',y='销售额
'),data=meat)+gp.geom_point(color='red')+gp.geom_line(color='blue')+gp.ggtitle
(u'2019 年企业销售额折线图')
print(p)
```

通过运行上面的代码可以绘制出该企业 2019 年销售额的折线图，如图 5-4 所示。从图中可以看出该企业的日销售额变化较大，热销的时候销售额接近 7 万元，淡季的时候几乎没有什么客户。

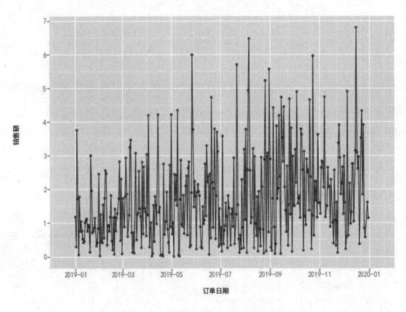

图 5-4　企业销售额折线图

5.5　Bokeh

5.5.1　Bokeh 库简介

　　Bokeh 是基于 JavaScript 来实现的交互可视化库，它可以在 Web 浏览器中实现美观的视觉效果。但是它也有明显的缺点：其一是版本时常更新，重要的是有时语法还不向下兼容；其二是语法晦涩，与 Matplotlib 相比，可以说是有过之而无不及。

Bokeh 的优势：

● Bokeh 允许通过简单的指令快速创建复杂的统计图。

● Bokeh 提供到各种媒体（如 HTML、Notebook 文档和服务器）的输出。

● 我们也可以将 Bokeh 可视化嵌入 Flask 和 Django 程序。

● Bokeh 可以转换写在其他库（如 Matplotlib、Seaborn）中的可视化。

● Bokeh 能灵活地将交互式应用、布局和不同样式选择用于可视化。

Bokeh 面临的挑战：

● 与任何即将到来的开源库一样，Bokeh 正在经历不断地变化和发展。所以，今天写的代码可能将来并不能被完全再次使用。

● 与 D3.js 相比，Bokeh 的可视化选项相对较少。因此，短期内 Bokeh 无法挑战 D3.js 的霸主地位。

5.5.2　Bokeh 可视化案例

　　下面演示一个简单的 Bokeh 数据可视化的例子。例如，需要分析某企业 2019 年的经营状况，可以通过绘制销售额和利润额折线图的方法进行可视化分析，具体代码如下：

```
# -*- coding: utf-8 -*-


import Numpy as np
import Pandas as pd
import Matplotlib.pyplot as plt
from Pandas import Series,DataFrame
from bokeh.plotting import figure, show
import pymysql
plt.rcParams['font.sans-serif'] = ['SimHei']    #中文字体设置


#连接 MySQL 数据库
v1 = []
```

```
    v2 = []
    v3 = []
    conn =
pymysql.connect(host='127.0.0.1',port=3306,user='root',password='root',db='sal
es',charset='utf8')
    cursor = conn.cursor()

    #读取订单表数据
    sql_num = "SELECT
MONTH(order_date),ROUND(SUM(sales)/10000,2),ROUND(SUM(profit)/10000,2) FROM
orders where dt=2019 GROUP BY MONTH(order_date)"
    cursor.execute(sql_num)
    sh = cursor.fetchall()
    for s in sh:
        v1.append(s[0])
        v2.append(s[1])
        v3.append(s[2])

    p = figure(width=800, height=400, title="2019 年企业经营状况分析")
    p.xaxis.axis_label = "月份"
    p.xaxis.axis_label_text_color = "violet"
    p.yaxis.axis_label = "销售额与利润额"
    p.yaxis.axis_label_text_color = "violet"
    dashs = [12, 4]
    listx1 = v1
    listy1 = v2
    p.line(listx1, listy1, line_width=4, line_color="red", line_alpha=0.3,
line_dash=dashs, legend="销售额")
    listx2 = v1
    listy2 = v3
    p.line(listx2, listy2, line_width=4, legend="利润额")
    show(p)
```

通过运行上面的代码会弹出一个新的 Web 页面，绘制出该企业 2019 年销售额和利润额的折线图，如图 5-5 所示。从图中可以看出该企业的月销售额基本呈现上升趋势，但是月利润额的变化相对很小，为什么出现销售额增加而利润额不变的现象，还需要进行更加深入的分析。

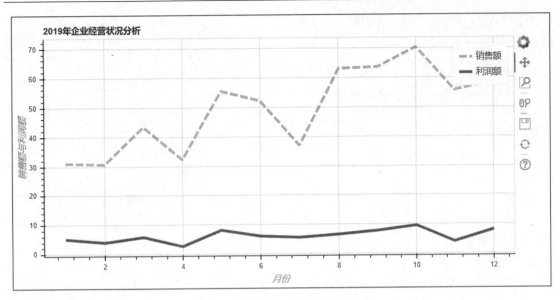

图 5-5　销售额和利润额的折线图

5.6　Pygal

5.6.1　Pygal 库简介

Pygal 是 Python 中另一个简单易用的数据图库，它以面向对象的方式来创建各种数据图，而且使用 Pygal 可以非常方便地生成各种格式的数据图，包括 PNG、SVG 等。使用 Pygal 也可以生成 XML etree、HTML 表格。

对于需要在尺寸不同的屏幕上显示的图表，需要考虑使用 Pygal 来生成它们，因为它们将自动缩放，以适应观看者的屏幕，这样它们在任何设备上显示时都会很美观。Pygal 绘制线图很简单，可以将图表渲染为一个 SVG 文件，使用浏览器打开 SVG 文件就可以查看生成的图表。

5.6.2　Pygal 可视化案例

下面演示一个简单的 Pygal 数据可视化的例子。例如，需要分析 2019 年某企业每个门店的经营状况，可以通过绘制销售额和利润额折线图的方法进行可视化分析，具体代码如下：

```
# -*- coding: utf-8 -*-

import Numpy as np
import Pandas as pd
import Matplotlib.pyplot as plt
from Pandas import Series,DataFrame
import pygal
```

```
import pymysql
plt.rcParams['font.sans-serif'] = ['SimHei']    #中文字体设置

#连接 MySQL 数据库
v1 = []
v2 = []
v3 = []
conn =
pymysql.connect(host='127.0.0.1',port=3306,user='root',password='root',db='sal
es',charset='utf8')
cursor = conn.cursor()

#读取订单表数据
sql_num = "SELECT
store_name,ROUND(SUM(sales)/10000,2),ROUND(SUM(profit)/10000,2) FROM orders
where dt=2019 GROUP BY store_name"
cursor.execute(sql_num)
sh = cursor.fetchall()
for s in sh:
    v1.append(s[0])
    v2.append(s[1])
    v3.append(s[2])


line_chart = pygal.HorizontalLine()   #创建一个水平线图的实例化对象
line_chart.title = '销售额利润额'     #设置标题
line_chart.x_labels = v1      #注意，这里的是水平线图，那么 X 轴就变为 Y 轴，Y 轴变为 X 轴
# 下面添加两条线
line_chart.add('销售额', v2)
line_chart.add('利润额', v3)
line_chart.range = [0, 80]                #设置 X 轴的范围
line_chart.render_to_file('bar_chart.svg')      #将图像保存为 SVG 文件，可通过浏览器
查看
```

通过运行上面的代码会自动生成一个 SVG 文件，可以通过浏览器查看图表，绘制出 2019 年该企业每个门店的销售额和利润额的折线图，如图 5-6 所示。从图中可以看出门店的销售额差异较大，但是利润额的差异相对很小，这可能与每个门店的销售策略有关。

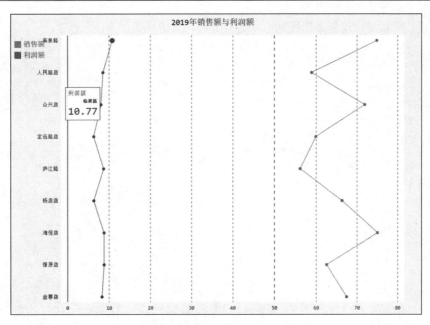

图 5-6　销售额和利润额的折线图

5.7　Plotly

5.7.1　Plotly 库简介

Plotly 是 Python 中一个进行可视化交互的库。它不仅支持 Python 语言，还支持 R 语言。Plotly 的优点是能提供 Web 在线交互，配色也好看。如果你是一名数据分析师，Plotly 强大的交互功能能助你完成展示。

2019 年 7 月，Plotly 团队发布了 Plotly.py 4.0 版本，现在可从 PyPI 下载。此版本包括一些令人兴奋的新功能和更改，包括默认情况下切换到"离线"模式、Plotly Express 作为库中的推荐入口点以及新的渲染框架，不仅兼容 Jupyter Notebook，还兼容其他 Notebook 系统，例如 Colab、Azure 和 Kaggle Notebook，以及 PyCharm、VSCode、Spyder 等流行的 IDE。

用于在"在线"和"离线"模式下创建图形的功能。在"在线"模式下，数字被上传到 Plotly 的 Chart Studio 服务的实例，然后显示；而在"离线"模式下，数字在本地呈现。这种二元性是多年来混淆的常见原因，因此在第 4 版中，团队进行了一些重要的更改以帮助明确这一点。

在这个版本中，plotly 包中唯一支持的操作模式是"离线"模式，它不需要互联网连接，没有账户，没有身份验证令牌，也没有任何类型的付款。对"在线"模式的支持已经转移到一个名为 chart-studio 的单独安装的软件包中。

5.7.2　Plotly 可视化案例

下面演示一个简单的 Plotly 数据可视化的例子。例如，需要分析 2019 年某企业在全国各个区域的经营状况，可以通过绘制条形图的方法进行分析，具体代码如下：

```python
# -*- coding: utf-8 -*-

import Numpy as np
import Pandas as pd
import Matplotlib.pyplot as plt
from Pandas import Series,DataFrame
#import chart_studio.plotly
import plotly.graph_objs as pg
import pymysql
plt.rcParams['font.sans-serif'] = ['SimHei']    #中文字体设置

#连接 MySQL 数据库
v1 = []
v2 = []
v3 = []
conn =
pymysql.connect(host='127.0.0.1',port=3306,user='root',password='root',db='sal
es',charset='utf8')
cursor = conn.cursor()

#读取订单表数据
sql_num = "SELECT region,ROUND(SUM(sales)/10000,2),ROUND(SUM(profit)/10000,2)
FROM orders where dt=2019 GROUP BY region"
cursor.execute(sql_num)
sh = cursor.fetchall()
for s in sh:
    v1.append(s[0])
    v2.append(s[1])
    v3.append(s[2])

#按区域绘制条形图
date_sales = pg.Bar(x=v1, y=v2, name='销售额')
date_profit = pg.Bar(x=v1, y=v3, name='利润额')
data = [date_sales, date_profit]
layout = pg.Layout(barmode='group', title="2019 年区域业绩分析")
fig = pg.Figure(data=data, layout=layout)
fig.write_html("2019 年区域业绩分析.html")
```

通过运行上面的代码会自动生成一个 HTML 文件，可以通过浏览器查看图表，绘制出 2019 年该企业在全国各个区域的销售额和利润额的条形图，在图形的右上方有相应的编辑工具，如图 5-7 所示。

从图中可以看出在华东地区的销售额最多，其次是中南地区，但是在利润额方面，却是中南地区最多，其次是华东地区，这和每个地区的销售成本大小有关。在 2019 年，该企业在华东地区加大了营销推广力度，但是短期收效却不是很明显。

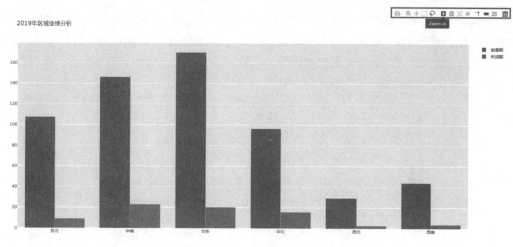

图 5-7　销售额和利润额的条形图

5.8　其他可视化库

5.8.1　Altair

　　Altair 是 Python 的一个公认的统计可视化库。它的 API 简单、友好、一致，并建立在强大的 Vega - Lite（交互式图形语法）之上。Altair API 不包含实际的可视化呈现代码，而是按照 Vega - Lite 规范发出 JSON 数据结构，由此产生的数据可以在用户界面中呈现，这种优雅的简单性产生了漂亮且有效的可视化效果，且只需很少的代码。

　　Altair 可视化的数据源需要是 DataFrame 格式的，它可以由不同数据类型的列组成。DataFrame 是一种整洁的格式，其中的行与样本相对应，而列与观察到的变量相对应。数据通过数据转换映射到使用组的视觉属性（位置、颜色、大小、形状、面板等）。

　　在可视化分析之前，首先需要通过 pip 命令安装 altair 包，否则程序会报缺少该包的错误。例如，使用 altair 包分析农产品的产量与平均增长率两者之间的关系，可以绘制散点图的方式进行可视化分析，具体代码如下：

```
#农产品的产量与平均增长率的散点图
import altair as alt
import Pandas as pd

data = pd.DataFrame({'农产品名称': ['粮食', '棉花','油料','肉类','水产品'],
                     '产量(万吨)': [66160.7, 565.3, 3475.2, 8654.4, 6445.3],
                     '平均增长率': [2.1, 1.5, 1.0, 2.2, 3.3]})
c = alt.Chart(data)
c = c.mark_point(size=300)
c = c.encode(x='产量(万吨):Q',y='平均增长率:Q',
        color='农产品名称:N',
        tooltip=['农产品名称', '产量(万吨)', '平均增长率'])
c.serve()
c.display()
```

在 Jupyter Lab 中运行该代码会自动打开一个新的浏览器页面，并生成如图 5-8 所示的散点图。从图中可以清楚地看出农产品的产量与平均增长率的关系，此外单击页面右上方的⋯按钮，还可以将图片保存为指定的格式，以及查看源代码等。

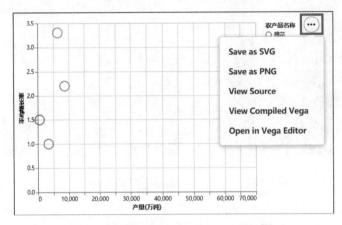

图 5-8　农产品产量与平均增长率散点图

5.8.2　PyQtGraph

PyQtGraph 是 Python 的图形和用户界面库，它充分利用 PyQt 和 PtSide 的高质量图形表现水平和 NumPy 的快速科学计算与处理能力，在数学、科学和工程领域都有广泛的应用。其主要目标是：为数据（绘图、视频等）提供快速可交互的图形显示，提供帮助快速开发应用程序的工具（例如 Qt Designer 中使用的属性树）。

PyQtGraph 被大量应用于 Qt GUI 平台（通过 PyQt 或 PySide），因为它的高性能图形以及 NumPy 可用于大量数据处理。特别需要注意的是，PyQtGraph 使用了 Qt 的 GraphicsView 框架，它本身是一个功能强大的图形系统，我们将优化和简化的语句应用到这个框架中，以最小的工作量实现数据可视化。

对于绘图而言，PyQtGraph 几乎不像 Matplotlib 那么完整或者成熟，但是运行速度更快。Matplotlib 的目标更多是制作出版质量的图形，而 PyQtGraph 则用于数据采集和分析应用。Matplotlib 对于 Matlab 程序员来说更直观。PyQtGraph 对 Python/Qt 程序员更直观。Matplotlib 并不包含许多 PyQtGraph 的功能，如图像交互、体绘制、参数树、流程图等。

在可视化分析之前，首先需要通过 pip 命令安装 pyqtgraph 包，否则程序会报缺少该包的错误。例如，使用 pyqtgraph 包绘制折线图，具体代码如下：

```
# -*- coding: utf-8 -*-#

import Numpy as np
import pyqtgraph as pg

#生成数据并绘图
data = np.random.normal(size=100)
pg.plot(data,title="绘制一个简单的可视化视图")

#启动 Qt 事件循环
if __name__ == '__main__':
```

```
import sys
if sys.flags.interactive != 1 or not hasattr(QtCore, 'PYQT VERSION'):
    pg.QtGui.QApplication.exec_()
```

在 Jupyter Lab 中运行该代码会自动弹出一个新的页面，并生成如图 5-9 所示的折线图。从图中可以看出数据的波动性，以及基本的分布情况。

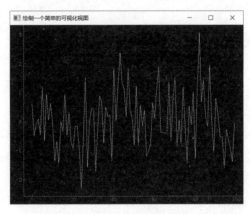

图 5-9　折线图

5.8.3　NetworkX

NetworkX 是一款 Python 的软件包，用于创造、操作复杂网络，以及学习复杂网络的结构、动力学及其功能。有了 NetworkX 就可以用标准或者不标准的数据格式加载或者存储网络，它可以产生许多种类的随机网络或经典网络，也可以分析网络结构、建立网络模型、设计新的网络算法、绘制网络等。

对于已经装了 pip 的环境，安装第三方模块很简单，只需要使用 pip install networkx 命令即可。在 NetworkX 中，顶点可以是任何可以哈希的对象，比如文本、图片、XML 对象、其他的图对象、任意定制的节点对象等。NetworkX 画图参数如表 5-1 所示。

表 5-1　NetworkX 包参数

属　性	说　明
node_size	指定节点的尺寸大小（默认是 300，单位未知）
node_color	指定节点的颜色（默认是红色，可以用字符串简单标识颜色）
node_shape	节点的形状（默认是圆形，用字符串'o'标识，具体可查看手册）
Alpha	透明度（默认是 1.0，不透明，0 为完全透明）
Width	边的宽度（默认为 1.0）
edge_color	边的颜色（默认为黑色）
Style	边的样式（默认为实线，可选：solid|dashed|dotted,dashdot）
with_labels	节点是否带标签（默认为 True）
font_size	节点标签字体大小（默认为 12）
font_color	节点标签字体颜色（默认为黑色）
node_size	指定节点的尺寸大小（默认是 300，单位未知）

在可视化分析之前，首先需要通过 pip 命令安装 networkx 包，否则程序会报缺少该包的错误。例如，使用 networkx 包分析农产品的产量与平均增长率两者之间的关系，可以绘制散点图的方式进行可视化分析，具体代码如下：

```
# -*- coding: utf-8 -*-#

#中文字体设置
from Matplotlib import pyplot as plt
plt.rcParams['font.sans-serif'] = ['SimHei']

import networkx as nx

#定义 graph
nodes=['step A','step B','step C','step D','step E','step F']
edges=[('step A','step C'),('step A','step B'),('step A','step E'),('step B','step E'),('step B','step F'),('step C','step F'),('step C','step E'),('step D','step F')]
G=nx.Graph()
G.add_nodes_from(nodes)
G.add_edges_from(edges)

#使用 spring_layout 布局
pos=nx.spring_layout(G)

#画网络关系图
plt.title('某项目各步骤间的网络关系图')
nx.draw_networkx(G)
plt.show()
```

在 Jupyter Lab 中运行上述代码，生成如图 5-10 所示的网络关系图。从图中可以看出步骤 A、步骤 B、步骤 C 和步骤 E 与其他步骤的联系比较紧密，在项目实施过程中要重点监控，以免影响其他步骤的正常进行。

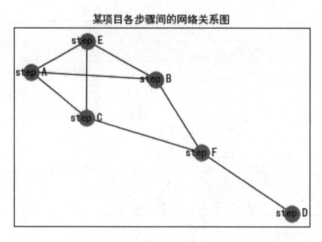

图 5-10　网络关系图

第二部分
Matplotlib 数据可视化

　　本部分我们将介绍 Matplotlib，它是 Python 数据可视化库的泰斗，尽管已有十多年的历史，但是仍然是 Python 社区中使用广泛的绘图库。Matplotlib 的设计与 Matlab 非常相似，提供了一整套和 Matlab 相似的命令 API，适合交互式制图，还可以将它作为绘图控件嵌入其他应用程序中。

第6章

Matplotlib 图形参数设置

本章介绍 Matplotlib 的主要参数配置，包括线条、坐标轴、图例等，以及绘图的参数文件及主要函数，并结合实际案例进行深入说明。

6.1　Matplotlib 主要参数配置

6.1.1　线条的设置

在 Matplotlib 中，可以很方便地绘制各类图形，如果不在程序中设置参数，软件就会使用默认的参数，例如需要对输入的数据进行数据变换，并绘制曲线的案例，具体代码如下：

```
#导入绘图相关模块
import Matplotlib.pyplot as plt
import Numpy as np

#生成数据并绘图
x = np.arange(0,20,1)
y1 = (x-9)**2 + 1
y2 = (x+5)**2 + 8

#绘制图形
plt.plot(x,y1)
plt.plot(x,y2)

#输出图形
plt.show()
```

运行上述代码，生成如图 6-1 所示的简单视图。

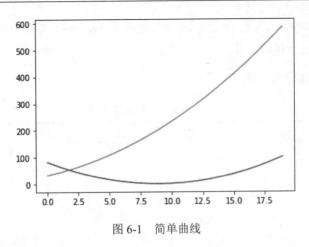

图 6-1　简单曲线

　　上面绘制的曲线比较单调，我们可以设置线的颜色、线宽、样式以及添加点，并设置点的样式、颜色、大小。上述的数据变换案例优化后的代码如下：

```
#导入绘图相关模块
import Matplotlib.pyplot as plt
import Numpy as np

#生成数据
x = np.arange(0,20,1)
y1 = (x-9)**2 + 1
y2 = (x+5)**2 + 8

#设置线的颜色、线宽、样式
plt.plot(x,y1,linestyle='-.',color='red',linewidth=5.0)
#添加点，设置点的样式、颜色、大小
plt.plot(x,y2,marker='*',color='green',markersize=10)

#输出图形
plt.show()
```

运行上述代码，生成如图 6-2 所示的调整后的视图。

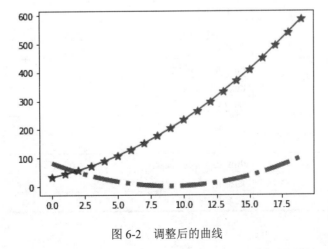

图 6-2　调整后的曲线

　　此外，在 Matplotlib 中，我们可以手动设置线的颜色（color）、标记（marker）、线型（line）等参数。下面将对其进行详细介绍。

　　（1）线的颜色参数设置如表 6-1 所示。

表 6-1　颜色的设置

字　符	颜　色
'b'	蓝色
'g'	绿色
'r'	红
'c'	青色
'm'	品红
'y'	黄色
'k'	黑
'w'	白色

　　（2）线的标记参数设置如表 6-2 所示。

表 6-2　标记的设置

字　符	描　述
'.'	点标记
','	像素标记
'o'	圆圈标记
'v'	triangle_down 标记
'^'	triangle_up 标记
'<'	triangle_left 标记
'>'	triangle_right 标记
'1'	tri_down 标记
'2'	tri_up 标记
'3'	tri_left 标记
'4'	tri_right 标记
's'	方形标记
'p'	五角大楼标记
'*'	星形标记
'h'	hexagon1 标记
'H'	hexagon2 标记
'+'	加号标记
'x'	x 标记
'D'	钻石标记
'd'	thin_diamond 标记
'|'	均标记
'_'	修身标记

（3）线的类型参数设置如表 6-3 所示。

表 6-3　线的设置

字　符	描　述
'-'	实线样式
'--'	虚线样式
'-.'	破折号-点线样式
':'	虚线样式

6.1.2　坐标轴的设置

Matplotlib 坐标轴的刻度设置可以使用 plt.xlim()和 plt.ylim()函数，参数分别是坐标轴的最小值和最大值。例如，要绘制一条直线，横轴和纵轴的刻度都在 0~20 之间，具体代码如下：

```
#导入绘图相关模块
import Matplotlib.pyplot as plt
import Numpy as np


#生成数据并绘图
x = np.arange(0,20,1)
y1 = (x-9)**2 + 1
y2 = (x+5)**2 + 8


#设置线的颜色、线宽、样式
plt.plot(x,y1,linestyle='-.',color='red',linewidth=5.0)
#添加点，设置点的样式、颜色、大小
plt.plot(x,y2,marker='*',color='green',markersize=10)


#设置 x 轴的刻度
plt.xlim(0,20)


#设置 y 轴的刻度
plt.ylim(0,400)


#输出图形
plt.show()
```

运行上述代码，生成如图 6-3 所示的视图。

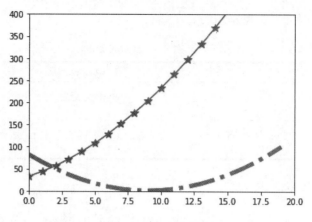

图 6-3　添加坐标刻度

在 Matplotlib 中，可以使用 plt.xlabel()函数对坐标轴的标签进行设置，其中参数 xlabel 设置标签的内容，size 设置标签的大小，rotation 设置标签的旋转度，horizontalalignment 设置标签的左右位置（分为 center、right 和 left），verticalalignment 设置标签的上下位置（分为 center、top 和 bottom）。

例如，要绘制一条曲线，横轴的刻度在 0~20 之间，纵轴的刻度在 0~400 之间，并且为横轴和纵轴添加'x'和'y'标签，以及标签的大小、旋转度、位置等，具体代码如下：

```
#导入绘图相关模块
import Matplotlib.pyplot as plt
import Numpy as np

#生成数据并绘图
x = np.arange(0,20,1)
y1 = (x-9)**2 + 1
y2 = (x+5)**2 + 8

#设置线的颜色、线宽、样式
plt.plot(x,y1,linestyle='-.',color='red',linewidth=5.0)
#添加点，设置点的样式、颜色、大小
plt.plot(x,y2,marker='*',color='green',markersize=10)

#给 x 轴加上标签
plt.xlabel('x',size=15)

#给 y 轴加上标签
plt.ylabel('y',size=15,rotation=90,horizontalalignment='right',verticalalig
nment='center')

#设置 x 轴的刻度
plt.xlim(0,20)
```

```
#设置 y 轴的刻度
plt.ylim(0,400)

#输出图形
plt.show()
```

运行上述代码，生成如图 6-4 所示的视图。

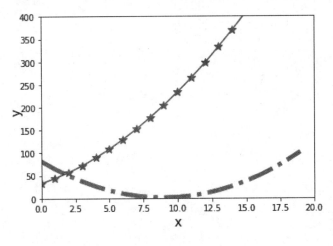

图 6-4　添加坐标标签

6.1.3　图例的设置

图例是集中于地图一角或一侧的地图上各种符号和颜色所代表的内容与指标的说明，有助于更好地认识图形。

在 Matplotlib 中，图例的设置可以使用 plt.legend()函数，函数参数如下：

```
plt.legend(loc,fontsize,frameon,ncol,title,shadow,markerfirst,markerscale,n
umpoints,fancybox, framealpha,
borderpad,labelspacing,handlelength,bbox_to_anchor,*)
```

不带参数的调用 legend 会自动获取图例句柄及相关标签，例如上述数据变换的案例添加 plt.legend()后的代码如下：

```
#导入绘图相关模块
import Matplotlib.pyplot as plt
import Numpy as np

#生成数据并绘图
x = np.arange(0,20,1)
y1 = (x-9)**2 + 1
y2 = (x+5)**2 + 8
```

```
#设置线的颜色、线宽、样式
plt.plot(x,y1,linestyle='-.',color='red',linewidth=5.0,label='convert A')
#添加点，设置点的样式、颜色、大小
plt.plot(x,y2,marker='*',color='green',markersize=10,label='convert B')

#给 x 轴加上标签
plt.xlabel('x',size=15)

#给 y 轴加上标签
plt.ylabel('y',size=15,rotation=90,horizontalalignment='right',verticalalig
nment='center')

#设置 x 轴的刻度
plt.xlim(0,20)
#设置 y 轴的刻度
plt.ylim(0,400)

#设置图例
plt.legend()

#输出图形
plt.show()
```

运行上述代码，生成如图 6-5 所示的视图。

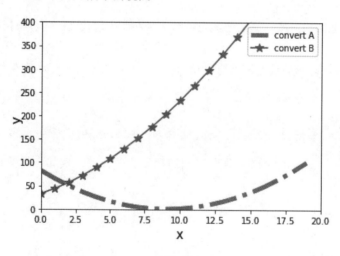

图 6-5　添加视图图例

我们还可以重新定义图例的内容、位置、字体大小等参数，例如上述的 plt.legend() 函数可以修改为 plt.legend(labels=['A', 'B'],loc='upper left',fontsize=15)，运行结果如图 6-6 所示。

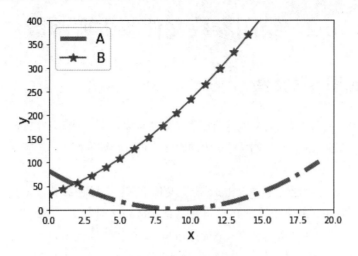

图 6-6　调整图例后的视图

Matplotlib 图例的主要参数配置如表 6-4 所示。

表 6-4　图例参数配置

属　性	说　明
Loc	图例位置，如果使用了 bbox_to_anchor 参数，该项就无效
Fontsize	设置字体大小
Frameon	是否显示图例边框
Ncol	图例的列的数量，默认为 1
Title	为图例添加标题
Shadow	是否为图例边框添加阴影
Markerfirst	True 表示图例标签在句柄右侧，False 反之
Markerscale	图例标记为原图标记中的多少倍大小
Numpoints	表示图例中的句柄上的标记点的个数，一般设为 1
Fancybox	是否将图例框的边角设为圆形
Framealpha	控制图例框的透明度
Borderpad	图例框内边距
Labelspacing	图例中条目之间的距离
Handlelength	图例句柄的长度
bbox_to_anchor	如果要自定义图例位置，就需要设置该参数

6.2 绘图参数文件及主要函数

6.2.1 修改绘图参数文件

可以通过在程序中添加代码对参数进行配置，但是假设一个项目对于 Matplotlib 的特性参数总会设置相同的值，就没有必要在每次编写代码的时候都进行相同的配置，而应该在代码之外使用一个永久的文件设定 Matplotlib 参数的默认值。

在 Matplotlib 中，可以通过 Matplotlibrc 配置文件永久修改绘图参数，该文件中包含绝大部分可以变更的属性。Matplotlibrc 通常在 Python 的 site-packages 目录下。不过在每次重装 Matplotlib 的时候，这个配置文件就会被覆盖，查看 Matplotlibrc 所在目录的代码为：

```
import Matplotlib
print(Matplotlib.Matplotlib_fname())
```

这里的路径是 F:\Uninstall\Anaconda3\lib\site-packages\Matplotlib\mpl-data\Matplotlibrc，具体路径由软件的安装位置决定，然后用 Notepad 打开 Matplotlibrc 文件，如图 6-7 所示。

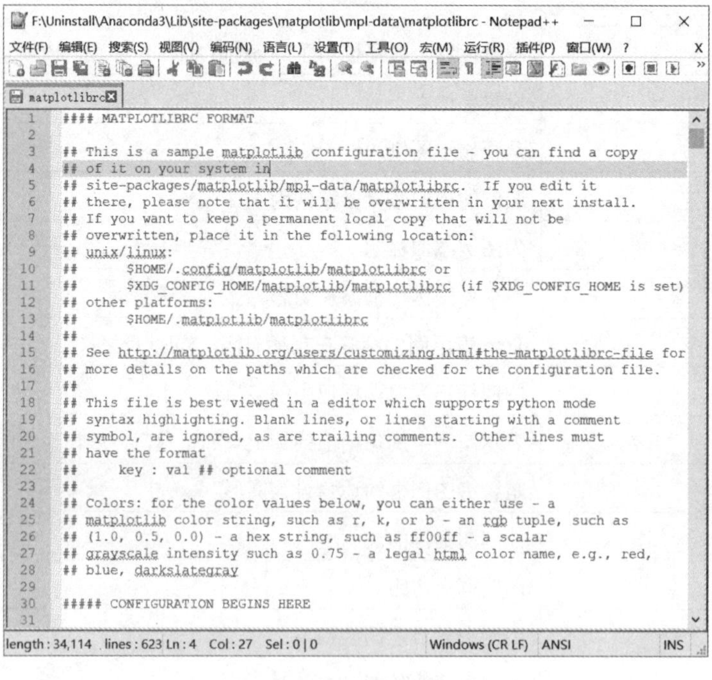

图 6-7 Matplotlibrc 文件

再根据自己的需要来修改里面相应的属性即可。注意，在修改后记得把前面的#去掉。配置文件包括以下配置项：

- axes：设置坐标轴边界和颜色、坐标刻度值大小和网格。
- figure：设置边界颜色、图形大小和子区。

- font: 设置字体集、字体大小和样式。
- grid: 设置网格颜色和线形。
- legend: 设置图例和其中文本的显示。
- line: 设置线条和标记。
- savefig: 可以对保存的图形进行单独设置。
- text: 设置字体颜色、文本解析等。
- xticks 和 yticks: 为 x、y 轴的刻度设置颜色、大小、方向等。

例如，在实际运用中，通常碰到中文显示为□□，那是因为没有给 Matplotlib 设置字体类型。如果不改变 Matplotlibrc 配置文件，在代码中只需要添加以下代码即可：

```
import Matplotlib.pyplot as plt
# 用来正常显示中文标签
plt.rcParams['font.sans-serif'] = ['SimHei']
# 用来正常显示负号
plt.rcParams['axes.unicode_minus'] = False
```

如果不想这么麻烦，每次在使用 Matplotlib 的时候都要写上面的代码，就可以使用修改 Matplotlibrc 配置文件的方法。

6.2.2　绘图主要函数简介

Matplotlib 中的 pyplot 模块提供一系列类似 Matlab 的命令式函数。每个函数可以对图形对象进行一些改动，比如新建一个图形对象、在图形中开辟绘制区、在绘制区画一些曲线、为曲线打上标签等。在 Matplotlib.pyplot 中，大部分状态是跨函数调用共享的。因此，它会跟踪当前图形对象和绘制区，绘制函数直接作用于当前绘制对象。

pyplot 的基础图表函数如表 6-5 所示。

表 6-5　基础图表函数

函　数	说　明
plt.plot()	绘制坐标图
plt.boxplot()	绘制箱形图
plt.bar()	绘制条形图
plt.barh()	绘制横向条形图
plt.polar()	绘制极坐标图
plt.pie()	绘制饼图
plt.psd()	绘制功率谱密度图
plt.specgram()	绘制谱图
plt.cohere()	绘制相关性函数

（续表）

函　数	说　明
plt.scatter()	绘制散点图
plt.step()	绘制步阶图
plt.hist()	绘制直方图
plt.contour()	绘制等值图
plt.vlines()	绘制垂直图
plt.stem()	绘制柴火图
plt.plot_date()	绘制数据日期
plt.clabel()	绘制轮廓图
plt.hist2d()	绘制 2D 直方图
plt.quiverkey()	绘制颤动图
plt.stackplot()	绘制堆积面积图
plt.Violinplot()	绘制小提琴图

6.3　Matplotlib 参数配置案例

下面将结合实际案例介绍 Matplotlib 绘图参数设置。本案例为了分析某企业 2019 年的销售额在全国各个地区的增长情况，本案例分别统计了每个地区在 2018 年和 2019 年的数据，并按照差额的大小进行了排序，绘制折线图的代码如下：

```
#导入可视化分析相关的包
import Matplotlib.pyplot as plt

#用来正常显示中文标签和负号
plt.rcParams['font.sans-serif']=['SimHei']
plt.rcParams['axes.unicode_minus']=False

#数据设置
x =['中南','东北','华东','华北','西南','西北'];
y1=[223.65, 488.28, 673.34, 870.95, 1027.34, 1193.34];
y2=[214.71, 445.66, 627.11, 800.73, 956.88, 1090.24];

#设置输出的图片大小
figsize = 10,8
figure, ax = plt.subplots(figsize=figsize)
```

```
#在同一幅图片上画两条折线
A,=plt.plot(x,y1,'-r',label='2019年销售额',linewidth=5.0)
B,=plt.plot(x,y2,'b-.',label='2018年销售额',linewidth=5.0)

#设置坐标刻度值的大小以及刻度值的字体
plt.tick_params(labelsize=15)
labels = ax.get_xticklabels() + ax.get_yticklabels()
[label.set_fontname('SimHei') for label in labels]

#设置图例并且设置图例的字体及大小
font1 = {'family' : 'SimHei','weight' : 'normal','size' : 15,}
legend = plt.legend(handles=[A,B],prop=font1)

#设置横纵坐标的名称以及对应字体格式
font2 = {'family' : 'SimHei','weight' : 'normal','size' : 20,}
plt.xlabel('地区',font2)
plt.ylabel('销售额',font2)

#输出图形
plt.show()
```

运行上述代码，生成如图 6-8 所示的视图。从图中可以看出：在 2019 年，该企业在 6 个区域的销售额增长额度由大到小依次是：西北、西南、华北、华东、东北、中南。

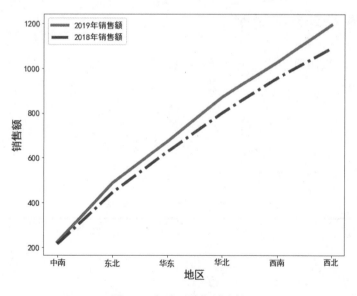

图 6-8　各地区销售额分析

第7章

Matplotlib 基础绘图

本章通过使用存储在集群中的实际案例数据介绍使用 Matplotlib 绘制一些基础图形，包括直方图、折线图、条形图、饼图、散点图、箱形图等。

7.1 直方图的绘制

7.1.1 直方图及其参数说明

Matplotlib 绘制直方图使用 plt.hist()函数，函数参数如下：

```
Matplotlib.pyplot.hist(x,bins=None,range=None,density=None,weights=None,
cumulative=False, bottom=None, histtype='bar', align='mid',
orientation='vertical', rwidth=None, log=False, color=None, label=None,
stacked=False, normed=None, *, data=None, **kwargs)
```

Matplotlib 直方图的参数配置如表 7-1 所示。

表 7-1　直方图参数配置

属　　性	说　　明
x	指定要绘制的直方图的数据
bins	指定直方图条形的个数
range	指定直方图数据的上下界，默认包含绘图数据的最大值和最小值
density	若为 True，则返回元组的第一个元素将是归一化的计数，以形成概率密度
weights	该参数可以为每一个数据点设置权重

（续表）

属　　性	说　明
cumulative	是否需要计算累计频数或频率
bottom	可以为直方图的每个条形添加基准线，默认为 0
histtype	指定直方图的类型，默认为 bar，还有 barstacked、step 等
align	设置条形边界值的对其方式，默认为 mid，还有 left 和 right
orientation	设置直方图的摆放方向，默认为垂直方向
rwidth	设置直方图条形宽度的百分比
log	是否需要对绘图数据进行对数变换
color	设置直方图的填充色
label	设置直方图的标签，可以通过 legend 展示其图例
stacked	当有多个数据时，是否需要将直方图呈堆叠摆放，默认水平摆放
normed	已经弃用，改用 density 参数

7.1.2　实例：每日利润额的数值分布

为了研究某企业的产品销售业绩情况，需要对每天的利润额进行分析，Python 代码如下：

```python
# -*- coding: utf-8 -*-

#声明 Notebook 类型，必须在引入 pyecharts.charts 等模块前声明
from pyecharts.globals import CurrentConfig, NotebookType
CurrentConfig.NOTEBOOK_TYPE = NotebookType.JUPYTER_LAB

import Numpy as np
import Matplotlib as mpl
import Matplotlib.pyplot as plt
from Matplotlib.font_manager import FontProperties
mpl.rcParams['font.sans-serif']=['SimHei']      #显示中文
plt.rcParams['axes.unicode_minus']=False        #正常显示负号
from impala.dbapi import connect

#连接 Hadoop 数据库
v1 = []
v2 = []
conn = connect(host='192.168.1.7', port=10000,
database='sales',auth_mechanism='NOSASL',user='root')
cursor = conn.cursor()
```

```
#读取 Hadoop 订单表数据
sql_num = "SELECT order_date,ROUND(SUM(profit)/10000,2) FROM orders WHERE
dt=2019 GROUP BY order_date"
cursor.execute(sql_num)
sh = cursor.fetchall()
for s in sh:
    v1.append(s[0])
    v2.append(s[1])


plt.figure(figsize=(15,8))          #设置图形大小
plt.hist(v2, bins=40, normed=0, facecolor="blue", edgecolor="black",
alpha=0.7)
# 显示横轴标签
plt.xlabel("区间")
# 显示纵轴标签
plt.ylabel("频数")
# 显示图标题
plt.title("利润额分布直方图")
plt.show()
```

在 Jupyter Lab 中运行上述代码，生成如图 7-1 所示的直方图。从图中可以看出该企业在 2019 年大部分天数是盈利的，利润额基本都在 0 万~1.0 万之间，但是也有部分日期出现亏损的情况，大体在 0 万~0.5 万之间。

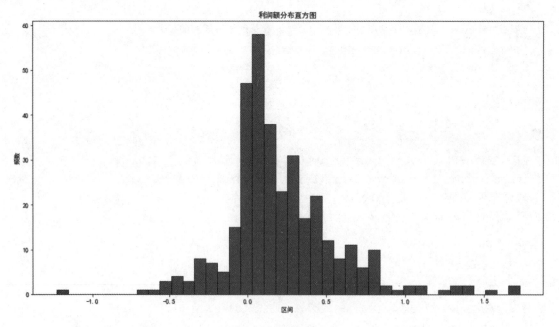

图 7-1　利润额直方图

7.2　折线图的绘制

7.2.1　折线图及其参数说明

Matplotlib 绘制折线图使用 plt.plot()函数，函数参数如下：

```
plot([x], y, [fmt], data=None, **kwargs)
```

Matplotlib 折线图的参数配置如表 7-2 所示。

表 7-2　折线图参数配置

属　性	说　明
x、y	设置数据点的水平或垂直坐标
fmt	用一个字符串来定义图的基本属性，如颜色、点型、线型
data	带有标签的绘图数据

7.2.2　实例：每周商品销售业绩分析

电商企业的产品销售一般都具有周期性，为了深入研究某企业的销售额和利润额的变化情况，需要绘制企业每周的销售额和利润额折线图，Python 代码如下：

```
# -*- coding: utf-8 -*-

#声明 Notebook 类型，必须在引入 pyecharts.charts 等模块前声明
from pyecharts.globals import CurrentConfig, NotebookType
CurrentConfig.NOTEBOOK_TYPE = NotebookType.JUPYTER_LAB

import Matplotlib.pyplot as plt
plt.rcParams['font.sans-serif'] = ['SimHei']          #显示中文
plt.rcParams['axes.unicode_minus']=False              #正常显示负号
from impala.dbapi import connect

#连接 Hadoop 数据库
v1 = []
v2 = []
v3 = []
conn = connect(host='192.168.1.7', port=10000,
database='sales',auth_mechanism='NOSASL',user='root')
cursor = conn.cursor()

#读取 Hadoop 订单表数据
```

```
    sql_num = "SELECT
weekofyear(order_date),ROUND(SUM(sales)/10000,2),ROUND(SUM(profit)/10000,2)
FROM orders WHERE dt=2019 GROUP BY weekofyear(order_date)"
    cursor.execute(sql_num)
    sh = cursor.fetchall()
    for s in sh:
        v1.append(s[0])
        v2.append(s[1])
        v3.append(s[2])


#画折线图
plt.plot(v1, v2)
plt.plot(v1, v3)
#设置纵坐标范围
plt.ylim((-1,21))
#设置横坐标角度，这里设置为 45 度
plt.xticks(rotation=45)
#设置横纵坐标名称
plt.xlabel("日期")
plt.ylabel("销售额与利润额")
#设置折线图名称
plt.title("2019 年企业销售额与利润额分析")
plt.show()
```

在 Jupyter Lab 中运行上述代码，生成如图 7-2 所示的折线图。从图中可以看出该企业在 2019年，每周的销售额相对于每周的利润额变化较大，尤其是在下半年，虽然销售额较上半年有较大幅度的上升，但是利润额基本没有什么变化，这可能与企业加大了营销推广力度有关，从而导致经营成本的大幅度增加。

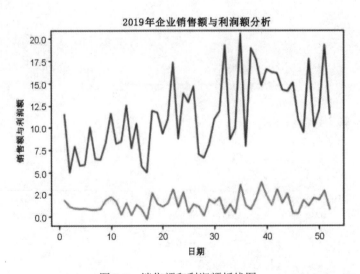

图 7-2　销售额和利润额折线图

7.3　条形图的绘制

7.3.1　条形图及其参数说明

Matplotlib 绘制条形图使用 plt.bar()函数，函数参数如下：

```
Matplotlib.pyplot.bar(x, height, width=0.8, bottom=None, *, align='center',
data=None, **kwargs)
```

Matplotlib 条形图的参数配置如表 7-3 所示。

表 7-3　条形图参数配置

属　　性	说　　明
x	设置横坐标
height	条形的高度
width	直方图宽度，默认为 0.8
botton	条形的起始位置
align	条形的中心位置
color	条形的颜色
edgecolor	边框的颜色
linewidth	边框的宽度
tick_label	下标的标签
log	y 轴使用科学计算法表示
orientation	是竖直条还是水平条

7.3.2　实例：不同省份利润额的比较

电商企业的产品销售往往会呈现区域性差异，为了深入研究某企业的产品在 2019 年是否具有区域差异性，绘制区域利润额的条形图，Python 代码如下：

```
# -*- coding: utf-8 -*-

#声明 Notebook 类型，必须在引入 pyecharts.charts 等模块前声明
from pyecharts.globals import CurrentConfig, NotebookType
CurrentConfig.NOTEBOOK_TYPE = NotebookType.JUPYTER_LAB

import Numpy as np
import Matplotlib as mpl
import Matplotlib.pyplot as plt
```

```
from Matplotlib.font_manager import FontProperties
mpl.rcParams['font.sans-serif']=['SimHei']        #显示中文
plt.rcParams['axes.unicode_minus']=False          #正常显示负号
from impala.dbapi import connect

#连接 Hadoop 数据库
v1 = []
v2 = []
v3 = []
conn = connect(host='192.168.1.7', port=10000,
database='sales',auth_mechanism='NOSASL',user='root')
cursor = conn.cursor()

#读取 Hadoop 订单表数据
sql_num = "SELECT province,ROUND(SUM(profit)/10000,2) FROM orders WHERE dt=2019
GROUP BY province"
cursor.execute(sql_num)
sh = cursor.fetchall()
for s in sh:
    v1.append(s[0])
    v2.append(s[1])

plt.figure(figsize=(15,8))        #设置图形大小
plt.bar(v1, v2, alpha=0.5, width=0.4, color='blue', edgecolor='red', label='
利润额', lw=1)
plt.legend(loc='upper left')
plt.xticks(np.arange(31), v1, rotation=10)     #rotation 控制倾斜角度

#fontsize 控制 label 和 title 字体大小
plt.ylabel('利润额', fontsize=10)
plt.title('2019 年各省市销售额分析', fontsize=15)
plt.xlabel('销售区域', fontsize=10)

#设置坐标轴上数值的字体大小
plt.tick_params(axis='both', labelsize=10)
plt.show()
```

在 Jupyter Lab 中运行上述代码，生成如图 7-3 所示的条形图。从图中可以看出该企业在 2019 年，在全国 31 个省市的利润额存在较大的差异，在山东省的利润额最大，其次是黑龙江省和广东省，但是在部分省市也出现亏损的情况，尤其是在辽宁省、浙江省和湖北省。

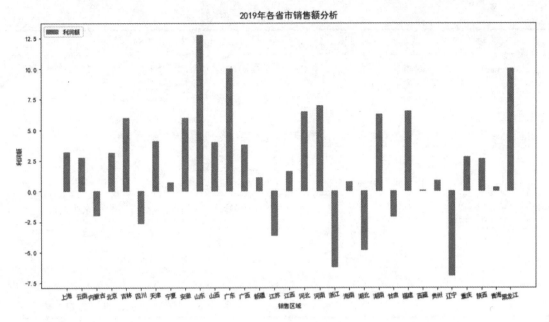

图 7-3　利润额条形图

7.4　饼图的绘制

7.4.1　饼图及其参数说明

Matplotlib 绘制饼图使用 plt.pie()函数，函数参数如下：

```
Matplotlib.pyplot.pie(x, explode=None, labels=None, colors=None, autopct=None, pctdistance=0.6, shadow=False, labeldistance=1.1, startangle=None, radius=None, counterclock=True, wedgeprops=None, textprops=None, center=(0, 0), frame=False, rotatelabels=False, *, data=None)
```

Matplotlib 饼图的参数配置如表 7-4 所示。

表 7-4　饼图参数配置

属　性	说　明
x	每一块的比例，如果 sum(x) > 1，就会进行归一化处理
labels	每一块饼图外侧显示的说明文字
explode	每一块离开中心的距离
startangle	起始绘制角度，默认图是从 x 轴正方向逆时针画起的，若设定=90，则从 y 轴正方向画起
shadow	在饼图下面画一个阴影。默认为 False，即不画阴影

（续表）

属 性	说 明
labeldistance	label 标记的绘制位置，相对于半径的比例，默认值为 1.1，若小于 1，则绘制在饼图内侧
autopct	控制饼图内的百分比设置
pctdistance	类似于 labeldistance，指定 autopct 的位置刻度，默认值为 0.6
radius	控制饼图半径，默认值为 1
counterclock	指定指针方向，可选，默认值为 True，即逆时针
wedgeprops	字典类型，可选，默认值为 None。参数字典传递给 wedge 对象用来画饼图
textprops	设置标签和比例文字的格式，字典类型，可选，默认值为 None
center	浮点类型的列表，可选，默认值为(0，0)，图标中心位置
frame	布尔类型，可选，默认为 False。如果是 True，就绘制带有表的轴框架
rotatelabels	布尔类型，可选，默认为 False。如果为 True，就旋转每个 label 到指定的角度

7.4.2 实例：不同类型商品销售额比较

为了研究某企业不同类型商品的销售额是否存在一定的差异，绘制不同类型商品的饼图，Python 代码如下：

```
# -*- coding: utf-8 -*-

#声明 Notebook 类型，必须在引入 pyecharts.charts 等模块前声明
from pyecharts.globals import CurrentConfig, NotebookType
CurrentConfig.NOTEBOOK_TYPE = NotebookType.JUPYTER_LAB

import Matplotlib.pyplot as plt
from impala.dbapi import connect
plt.rcParams['font.sans-serif'] = ['SimHei']

#连接 Hadoop 数据库
v1 = []
v2 = []
conn = connect(host='192.168.1.7', port=10000,
database='sales',auth_mechanism='NOSASL',user='root')
cursor = conn.cursor()

#读取 Hadoop 订单表数据
sql_num = "SELECT category,ROUND(SUM(sales),2)FROM orders WHERE dt=2019 GROUP
BY category"
```

```
cursor.execute(sql_num)
sh = cursor.fetchall()
for s in sh:
    v1.append(s[0])
    v2.append(s[1])


plt.figure(figsize=(15,8))          #设置饼图大小
labels = v1
explode =[0.1, 0.1, 0.1]          #每一块离开中心距离
plt.pie(v2, explode=explode,
labels=labels,autopct='%1.1f%%',textprops={'fontsize':15,'color':'black'})
plt.title('2019 年不同类型产品的销售额分析',fontsize = 20)
plt.show()
```

在 Jupyter Lab 中运行上述代码，生成如图 7-4 所示的饼图。从图中可以看出该企业在 2019 年，不同类型产品的销售额存在一定的差异，其中家具类产品的销售额占比达到了 36.1%，技术类占到了 32.4%，办公用品类占比为 31.5%。

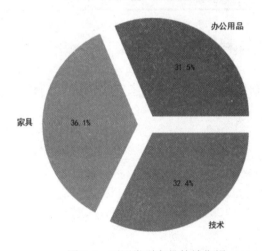

图 7-4　不同类型产品的销售额

7.5　散点图的绘制

7.5.1　散点图及其参数说明

Matplotlib 绘制散点图用到 plt.scatter()函数，函数参数如下：

```
Matplotlib.pyplot.scatter(x, y, s=None, c=None, marker=None, cmap=None,
norm=None, vmin=None, vmax=None, alpha=None, linewidths=None, verts=None,
```

```
edgecolors=None, *, data=None, **kwargs)
```

Matplotlib 散点图的参数配置如表 7-5 所示。

表 7-5 散点图参数配置

属　性	说　明
x、y	绘图的数据都是向量且必须长度相等
S	设置标记大小
C	设置标记颜色
marker	设置标记样式
cmap	设置色彩盘
norm	设置亮度，为 0~1 之间
vmin、vmax	设置亮度，如果 norm 已设置，该参数就无效
alpha	设置透明度，为 0~1 之间
linewidths	设置线条的宽度
edgecolors	设置轮廓颜色

7.5.2　实例：销售额与利润额的关系

为了研究某企业每天的销售额与利润额两者之间的关系，绘制销售额与利润额的散点图，Python 代码如下：

```
# -*- coding: utf-8 -*-

#声明 Notebook 类型，必须在引入 pyecharts.charts 等模块前声明
from pyecharts.globals import CurrentConfig, NotebookType
CurrentConfig.NOTEBOOK_TYPE = NotebookType.JUPYTER_LAB

import Matplotlib.pyplot as plt
import Numpy as np
from impala.dbapi import connect
plt.rcParams['font.sans-serif'] = ['SimHei']
plt.rcParams['axes.unicode_minus']=False

#连接 Hadoop 数据库
v1 = []
v2 = []
v3 = []
conn = connect(host='192.168.1.7', port=10000,
database='sales',auth_mechanism='NOSASL',user='root')
```

```
cursor = conn.cursor()

#读取 Hadoop 订单表数据
sql_num = "SELECT
order_date,ROUND(SUM(sales)/10000,2),ROUND(SUM(profit)/10000,2) FROM orders
WHERE dt=2019 GROUP BY order_date"
cursor.execute(sql_num)
sh = cursor.fetchall()
for s in sh:
    v1.append(s[0])
    v2.append(s[1])
    v3.append(s[2])


plt.figure(figsize=(15,8))          #设置图形大小
plt.scatter(v2, v3, marker='o', s=75, alpha=0.5)   #marker 点的形状，s 点的大小，
alpha 点的透明度
plt.xlabel('销售额', fontsize=10)
plt.ylabel('利润额', fontsize=10)
plt.title('2019 年销售额利润额分析', fontsize=15)
plt.grid(True)
plt.show()
```

在 Jupyter Lab 中运行上述代码，生成如图 7-5 所示的散点图。从图中可以看出该企业在 2019
年，每天的销售额与利润额两者之间的关系不大，即随着销售额的增加，利润额增加很少，甚至出
现亏损的情况，这可能与不断增加的营销成本有关。

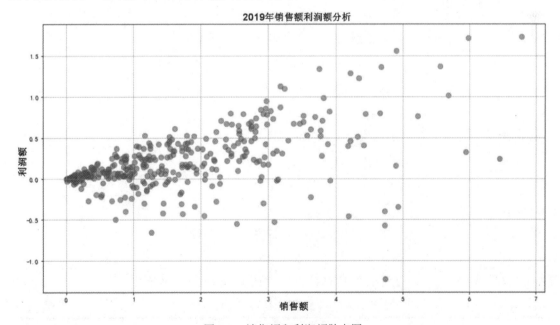

图 7-5　销售额和利润额散点图

7.6 箱形图的绘制

7.6.1 箱形图及其参数说明

Matplotlib 绘制箱线图使用 plt.boxplot()函数，函数参数如下：

```
plt.boxplot(x, notch=None, sym=None,vert=None,whis=None,positions=None,
widths=None, patch_artist=None,meanline=None,showmeans=None,showcaps=None,
showbox=None,showfliers=None,boxprops=None,labels=None,flierprops=None,
medianprops=None,meanprops=None, capprops=None,whiskerprops=None)
```

Matplotlib 箱型图的参数配置如表 7-6 所示。

表 7-6 箱型图参数配置

属　性	说　明
x	指定要绘制箱线图的数据
notch	是否以凹口的形式展现箱线图，默认为非凹口
sym	指定异常点的形状，默认为 "+" 显示
vert	是否需要将箱线图垂直摆放，默认垂直摆放
whis	指定上下须与上下四分位的距离，默认为 1.5 倍的四分位差
positions	指定箱线图的位置，默认为[0,1,2…]
widths	指定箱线图的宽度，默认为 0.5
patch_artist	是否填充箱体的颜色
meanline	是否用线的形式表示均值，默认用点来表示
showmeans	是否显示均值，默认不显示
showcaps	是否显示箱线图顶端和末端的两条线，默认显示
showbox	是否显示箱线图的箱体，默认显示
showfliers	是否显示异常值，默认显示
boxprops	设置箱体的属性，如边框色、填充色等
labels	为箱线图添加标签，类似于图例的作用
filerprops	设置异常值的属性，如异常点的形状、大小、填充色等
medianprops	设置中位数的属性，如线的类型、粗细等
meanprops	设置均值的属性，如点的大小、颜色等
capprops	设置箱线图顶端和末端线条的属性，如颜色、粗细等
whiskerprops	设置须的属性，如颜色、粗细、线的类型等

7.6.2　实例：销售经理业绩比较分析

为了客观地评价销售经理的业绩情况，本例绘制每位销售经理在 2019 年销售业绩的箱形图，Python 代码如下：

```
# -*- coding: utf-8 -*-

#声明 Notebook 类型，必须在引入 pyecharts.charts 等模块前声明
from pyecharts.globals import CurrentConfig, NotebookType
CurrentConfig.NOTEBOOK_TYPE = NotebookType.JUPYTER_LAB

import Numpy as np
import Pandas as pd
import Matplotlib as mpl
import Matplotlib.pyplot as plt
mpl.rcParams['font.sans-serif']=['SimHei']
plt.rcParams['axes.unicode_minus']=False
from impala.dbapi import connect

#读取 Hadoop 集群数据
v1 = []
v2 = []
v3 = []
conn = connect(host='192.168.1.7', port=10000,
database='sales',auth_mechanism='NOSASL',user='root')
cur = conn.cursor()
sql_num = "SELECT manager,sales FROM orders WHERE dt=2019 and category='家具'
and sales<=10000"
cur.execute(sql_num)
sh = cur.fetchall()
for s in sh:
    v1.append(s[0])
    v2.append(s[1])

data = np.transpose(pd.DataFrame([v1,v2]))
data.columns = ['销售经理', '利润额']

group=data.销售经理.unique()
def group():
    df=[]
    group=data.销售经理.unique()
    for x in group:
        a=data.利润额[data.销售经理==x]
```

```
        df.append(a)
    return df
box1,box2,box3,box4,box5,box6=group()[0],group()[1],group()[2],group()[3],g
roup()[4],group()[5]


#绘制箱线图并设置需要的参数
plt.figure(figsize=(15,7))
plt.boxplot([box1,box2,box3,box4,box5,box6],vert=False,showmeans=False,show
box = True)
plt.yticks([1, 2, 3, 4, 5, 6],['张怡莲', '王倩倩', '郝杰', '杨洪光', '江奕健',
'姜伟'])


plt.xticks(np.arange(0,10000,step=1000))
plt.xlabel('销售额',fontsize=15.0)
plt.ylabel('销售经理',fontsize=15.0)
plt.title('销售额经理的销售业绩分析',fontsize=20.0)
plt.yticks(fontsize=15.0)
plt.show()
```

在 Jupyter Lab 中运行上述代码，生成如图 7-6 所示的箱线图。从图中可以看出该企业在 2019
年，6 名销售经理的销售业绩存在一定的差异，其中张怡莲的整体表现最好，剔除异常情况的影响，
其每单的最大值接近 7000 元，平均值接近 2000 元，其次是姜伟，其每单的平均值大约在 1600 元，
最差的是江奕健，每单的平均值仅为 1000 元左右。

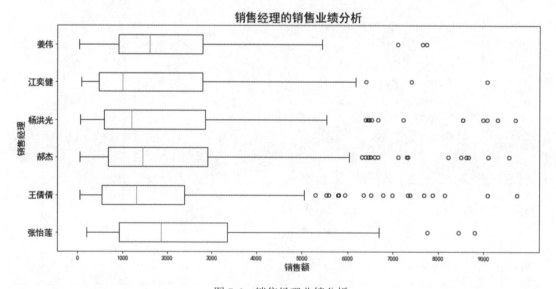

图 7-6　销售经理业绩分析

第 8 章

Matplotlib 高级绘图

本章通过使用存储在集群中的实际案例数据介绍使用 Matplotlib 绘制一些高级图形，包括树形图、误差条形图、火柴杆图、甘特图、自相关图、图形整合等。

8.1 树形图的绘制

8.1.1 树形图及其应用场景

树形图采用矩形表示层次结构的节点，父子层次关系用矩阵间的相互嵌套来表达。从根节点开始，空间根据相应的子节点数目被分为多个矩形，矩形面积大小对应节点属性。每个矩形又按照相应节点的子节点递归地进行分割，直到叶子节点为止。

树形图图形紧凑，同样大小的画布可以展现更多信息，以及成员间的权重，但是存在不够直观、不够明确、不像树图那么清晰、分类占比太小时不容易排布等缺点。

应用场景：

适合展现具有层级关系的数据，能够直观地体现同级之间的数据比较。

8.1.2 实例：不同省份销售额的比较分析

为了深入地研究某企业的产品是否具有区域差异性，这里绘制销售额的树形图，Python 代码如下：

```
# -*- coding: utf-8 -*-

import Matplotlib.pyplot as plt
```

```
import squarify
from impala.dbapi import connect
plt.rcParams['font.sans-serif']=['SimHei']

#连接 Hadoop 数据库
v1 = []
v2 = []
conn = connect(host='192.168.1.7', port=10000,
database='sales',auth_mechanism='NOSASL',user='root')
cursor = conn.cursor()

#读取 Hadoop 订单表数据
sql_num = "SELECT region, ROUND(SUM(sales/10000),2) FROM orders WHERE dt=2019
GROUP BY region"
cursor.execute(sql_num)
sh = cursor.fetchall()
for s in sh:
    v1.append(s[0])
    v2.append(s[1])

plt.figure(figsize=(15,8))
colors = ['steelblue','red','indianred','green','yellow','orange']    #设置颜色
数据
plot=squarify.plot(
    sizes=v2,              #指定绘图数据
    label=v1,              #标签
    color=colors,          #指定自定义颜色
    alpha=0.6,             #指定透明度
    value=v2,              #添加数值标签
    edgecolor='white',     #设置边界框白色
    linewidth=8            #设置边框宽度为 3
)

plt.rc('font',size=15)       #设置标签大小
plot.set_title('2019年企业销售额情况',fontdict={'fontsize':15})  #设置标题及大小
plt.axis('off')      #去除坐标轴
plt.tick_params(top='off',right='off')      #去除上边框和右边框刻度
plt.show()
```

在 Jupyter Lab 中运行上述代码，生成如图 8-1 所示的树形图。从图中可以看出，该企业 2019 年在各区域的销售额差异较大，其中华东地区的销售额最多，为 169.97 万元；其次是中南地区，为 146.21 万元；最少的是西北地区，为 29.24 万元。

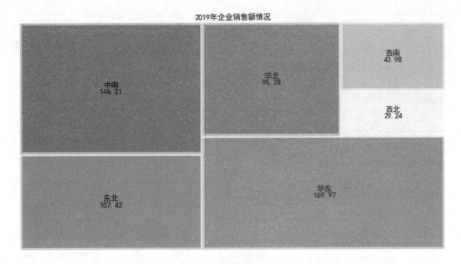

图 8-1　销售额树形图

8.2　误差条形图的绘制

8.2.1　误差条形图及其应用场景

误差条形图是一类特殊的条形图，由带标记的线条组成，这些线条用于显示有关图中所显示的数据的统计信息。误差条形图类型的序列具有 3 个 Y 值，即平均值、下限误差值、上限误差值。

应用场景：

可以手动将值分配给每个点，但在大多数情况下，是从其他序列中的数据来计算的。Y 值的顺序十分重要，因为值数组中的每个位置都表示误差条形图上的一个值。

8.2.2　实例：门店业绩考核达标情况分析

为了深入地研究某企业各个门店的销售业绩是否达标，绘制销售额的误差条形图，Python 代码如下：

```
# -*- coding: utf-8 -*-

import Numpy as np
import Matplotlib as mpl
import Matplotlib.pyplot as plt
from impala.dbapi import connect
mpl.rcParams['font.sans-serif']=['SimHei']

#连接 Hadoop 数据库
v1 = []
v2 = []
```

```
v3 = []
conn = connect(host='192.168.1.7', port=10000,
database='sales',auth_mechanism='NOSASL',user='root')
cursor = conn.cursor()

#读取 Hadoop 订单表数据
sql_num = "SELECT store_name,SUM(sales)/10000,SUM(sales)/10000-60.00 FROM
orders WHERE dt=2019 GROUP BY store_name"
cursor.execute(sql_num)
sh = cursor.fetchall()
for s in sh:
    v1.append(s[0])
    v2.append(s[1])
    v3.append(s[2])

plt.figure(figsize=(10,6))        #设置图形大小
plt.bar(v1, v2, yerr=v3, width=0.4, align='center', ecolor='r', color='green',
label='门店销售额');

#添加坐标标签
plt.xlabel('门店名称')
plt.ylabel('销售额')
plt.title('2019 年门店业绩考核达标情况')
plt.legend(loc='upper left')
plt.show()
```

在 Jupyter Lab 中运行上述代码，生成如图 8-2 所示的误差条形图。从图中可以看出，该企业在 2019 年各个门店的销售额与业绩目标的差额。

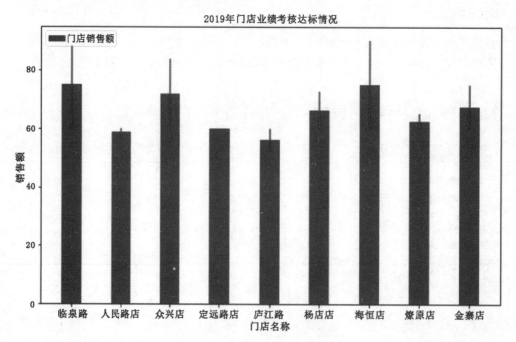

图 8-2　销售额误差条形图

8.3　火柴杆图的绘制

8.3.1　火柴杆图及其应用场景

火柴杆图是用线条显示数据与 x 轴的距离，用一个小圆圈或者其他标记符号与线条相互连接，并在 y 轴上标记数据的值。

Matplotlib 绘制火柴杆图用 plt.step()函数，函数参数如下：

```
Matplotlib.plt.step(x, y, color, where, *)
```

应用场景：

需要美观地显示各种类型下的数值到 x 轴的距离。

8.3.2　实例：不同省份送货准时性分析

为了深入地研究某企业的产品送货准时性情况，绘制送货延迟时间的火柴杆图，Python 代码如下：

```
# -*- coding: utf-8 -*-

import Matplotlib.pyplot as plt
import Numpy as np
from impala.dbapi import connect
plt.rcParams['font.sans-serif']=['SimHei']
plt.rcParams['axes.unicode_minus']=False

#连接 Hadoop 数据库
v1 = []
v2 = []
v3 = []
conn = connect(host='192.168.1.7', port=10000,
database='sales',auth_mechanism='NOSASL',user='root')
cursor = conn.cursor()

#读取 Hadoop 订单表数据
sql_num = "SELECT province,avg(datediff(deliver_date,order_date)-planned_days)
FROM orders WHERE dt=2019 GROUP BY province"
cursor.execute(sql_num)
sh = cursor.fetchall()
for s in sh:
    v1.append(s[0])
    v2.append(s[1])
```

```
plt.figure(figsize=(15,7))            #设置图形大小
label = "平均延迟天数"
markerline, stemlines, baseline = plt.stem(v1, v2, label=label)

plt.setp(markerline, color='red', marker='o')
plt.setp(stemlines, color='blue', linestyle=':')
plt.setp(baseline, color='grey', linewidth=3, linestyle='-')

plt.xlabel('省市自治区')
plt.ylabel('平均延迟天数')
plt.title('2019年各省市平均延迟天数')
plt.legend()
plt.show()
```

在 Jupyter Lab 中运行上述代码，生成如图 8-3 所示的火柴杆图。从图中可以看出，该企业 2019 年商品在青海、湖南、贵州和云南地区均有不同程度的延迟，平均延迟天数最久的是青海。

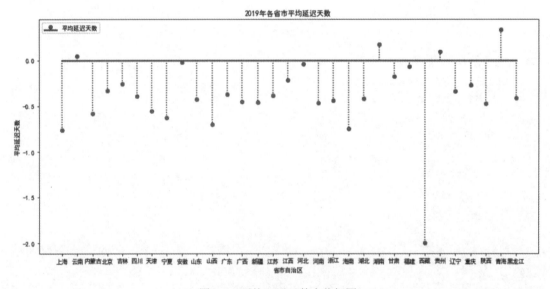

图 8-3 平均延误天数火柴杆图

8.4 甘特图的绘制

8.4.1 甘特图及其应用场景

甘特图以图示的方式通过活动列表和时间刻度形象地表示任何特定项目的活动顺序与持续时间，即甘特图是将活动与时间联系起来的一种图表形式，显示每个活动的历时长短。它能够从时间上整体把握进度，很清晰地标识出每一项任务的起始与结束时间。这就不难理解甘特图的产生原因

了：因为生产管理领域生产计划制定的需要而产生。

应用场景：

（1）项目管理：甘特图是在现代的项目管理中被广泛应用的一种图表形式。甘特图可以帮助我们预测时间、成本、数量及质量上的结果并回到开始，也能帮助我们考虑人力、资源、日期、项目中重复的要素和关键的部分，还能集成多张各方面的甘特图而成为一张总图。以甘特图的方式可以直观地看到任务的进展情况、资源的利用率等。

（2）其他领域：如今甘特图不单单被应用到生产管理领域，随着生产管理的发展、项目管理的扩展，它被应用到了各个领域，如建筑、IT 软件、汽车等所有把时间和任务进度联系到一起的领域。

8.4.2　实例：企业信息化项目进度管理

为了分析某企业信息化项目的进度情况，绘制项目进度的甘特图，Python 代码如下：

```python
# -*- coding: utf-8 -*-

from datetime import datetime
import sys
import Numpy as np
import Matplotlib.pyplot as plt
import Matplotlib.font_manager as font_manager
import Matplotlib.dates as mdates
import logging
from pylab import *
mpl.rcParams['font.sans-serif'] = ['SimHei']


class Gantt(object):
    #颜色色标：参考 http://colorbrewer2.org/
    RdYlGr = ['#d73027', '#f46d43', '#fdae61','#fee08b', '#ffffbf', '#d9ef8b',
'#a6d96a','#66bd63', '#1a9850']

    POS_START = 1.0
    POS_STEP = 0.5

    def __init__(self, tasks):
        self._fig = plt.figure(figsize=(15,10))
        self._ax = self._fig.add_axes([0.1, 0.1, .75, .5])

        self.tasks = tasks[::-1]

    def _format_date(self, date_string):
```

```python
        try:
            date = datetime.datetime.strptime(date_string, '%Y-%m-%d %H:%M:%S')
        except ValueError as err:
            logging.error("String '{0}' can not be converted to datetime object:
{1}"
                    .format(date_string, err))
            sys.exit(-1)
        mpl_date = mdates.date2num(date)
        return mpl_date

    def _plot_bars(self):
        i = 0
        for task in self.tasks:
            start = self._format_date(task['start'])
            end = self._format_date(task['end'])
            bottom = (i * Gantt.POS_STEP) + Gantt.POS_START
            width = end - start
            self._ax.barh(bottom, width, left=start, height=0.3,align='center',
label=task['label'],color = Gantt.RdYlGr[i])
            i += 1

    def _configure_yaxis(self):
        task_labels = [t['label'] for t in self.tasks]
        pos = self._positions(len(task_labels))
        ylocs = self._ax.set_yticks(pos)
        ylabels = self._ax.set_yticklabels(task_labels)
        plt.setp(ylabels, size='medium')

    def _configure_xaxis(self):
        self._ax.xaxis_date()
        rule = mdates.rrulewrapper(mdates.DAILY, interval=20)
        loc = mdates.RRuleLocator(rule)
        formatter = mdates.DateFormatter("%d %b")

        self._ax.xaxis.set_major_locator(loc)
        self._ax.xaxis.set_major_formatter(formatter)
        xlabels = self._ax.get_xticklabels()
        plt.setp(xlabels, rotation=30, fontsize=10)

    def _configure_figure(self):
        self._configure_xaxis()
        self._configure_yaxis()
```

```
            self._ax.grid(True, color='gray')
            self._set_legend()
            self._fig.autofmt_xdate()

        def _set_legend(self):
            font = font_manager.FontProperties(size='small')
            self._ax.legend(loc='upper right', prop=font)

        def _positions(self, count):
            end = count * Gantt.POS_STEP + Gantt.POS_START
            pos = np.arange(Gantt.POS_START, end, Gantt.POS_STEP)
            return pos

        def show(self):
            self._plot_bars()
            self._configure_figure()
            plt.show()

    if __name__ == '__main__':
        TEST_DATA = (
            {'label':'项目调研','start':'2019-02-01 12:00:00','end':'2019-03-15
    18:00:00'},
            {'label':'项目准备','start':'2019-03-16 09:00:00','end':'2019-04-09
    12:00:00'},
            {'label':'制定方案','start':'2019-04-10 12:00:00','end':'2019-04-30
    18:00:00'},
            {'label':'项目实施','start':'2019-05-01 09:00:00','end':'2019-08-31
    13:00:00'},
            {'label':'项目培训','start':'2019-09-01 09:00:00','end':'2019-09-21
    13:00:00'},
            {'label':'项目验收','start':'2019-09-22 09:00:00','end':'2019-10-22
    13:00:00'},
            {'label':'项目竣工','start':'2019-10-23 09:00:00','end':'2019-11-23
    13:00:00'},
                )

    gantt = Gantt(TEST_DATA)
    plt.xlabel('项目日期')
    plt.ylabel('项目进度')
    plt.title('项目进度甘特图')
    plt.figure(figsize=(10,10))
    gantt.show()
```

在 Jupyter Lab 中运行上述代码，生成如图 8-4 所示的甘特图。从图中可以看出，该企业的信息化项目进度的具体过程及其时间进度。

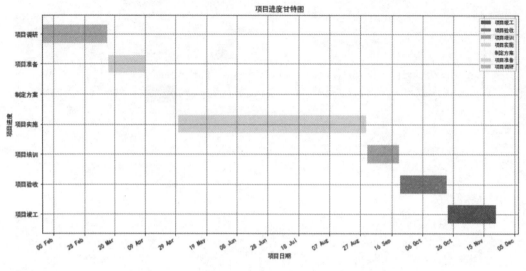

图 8-4 项目进度甘特图

8.5 自相关图

8.5.1 自相关图及其应用场景

自相关也叫序列相关，是时间序列数据自身在不同时间点的互相关。由于时间序列的相关系数是指与之前的相同系列数据的相关性程度，因此被称为序列相关或自相关。时间序列的自相关系数也被称为自相关函数，自相关的图被称为相关图或自相关图。偏自相关函数用来度量暂时调整所有其他滞后项之后，时间序列中以 k 个时间单位分隔的观测值之间的相关性，即偏自相关是剔除干扰后的时间序列与先前相同时间步长的时间序列之间的相关系数。

应用场景：

直观地显示时间序列的当前序列值和过去序列值之间的相关性，并指示预测将来值时最有用的过去序列值。

8.5.2 实例：股票价格的自相关分析

为了深入地分析某企业的股票价格趋势，绘制股价的自相关图等，Python 代码如下：

```
#导入相关的包
import Pandas as pd
import Matplotlib.pyplot as plt
```

```
from statsmodels.graphics.tsaplots import plot_acf, plot_pacf
from impala.dbapi import connect
plt.rcParams['font.sans-serif']=['SimHei']


#连接 Hadoop 数据库
v1 = []
v2 = []
v3 = []
conn = connect(host='192.168.1.7', port=10000,
database='sales',auth_mechanism='NOSASL',user='root')
cursor = conn.cursor()


#读取 Hadoop 订单表数据
sql_num = "SELECT trade_date,close FROM stocks WHERE year(trade_date)=2019 order
by trade_date asc"
cursor.execute(sql_num)
sh = cursor.fetchall()
for s in sh:
    v1.append(s[0])
    v2.append(s[1])
data=pd.DataFrame(v2,v1)


data.plot()
plt.title("股票收盘价的时序图")


# 绘制自相关图
plot_acf(data).show()
plt.title("股票收盘价的自相关图")


# 绘制偏自相关图
plot_pacf(data).show()
plt.title("股票收盘价的偏自相关图")
```

　　在 Jupyter Lab 中运行上述代码，生成如图 8-5 所示的时序图。从图中可以看出，该企业在 2019 年股票价格基本呈现上涨的趋势。

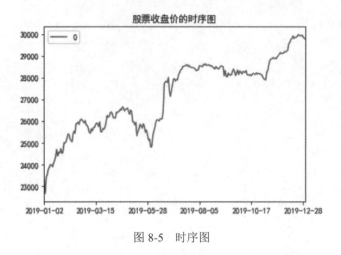

图 8-5　时序图

生成如图 8-6 所示的企业 2019 年股票收盘价的自相关图。

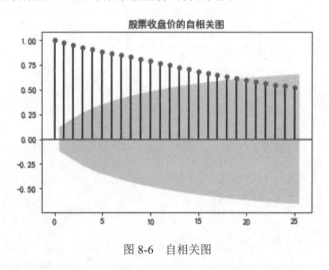

图 8-6　自相关图

生成如图 8-7 所示的企业 2019 年股票收盘价的偏自相关图。

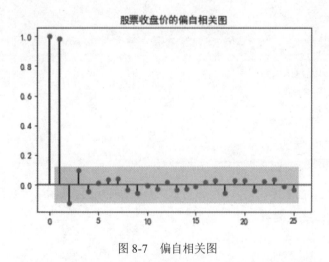

图 8-7　偏自相关图

8.6　图形整合

8.6.1　图形整合及其应用场景

Matplotlib 可以把很多张图画到一个显示界面，这就涉及面板切分成一个个子图。这是怎么做到的呢？Matplotlib 的提供了两种方法：直接指定划分方式和按位置进行绘图。

第一种方法：直接指定划分方式——使用 subplot 函数

函数格式：`plt.subplot(x,y,z)`

Subplot 函数前面的两个参数指定的是一个画板被分割成的行和列，后面一个参数则指定当前正在绘制图形的编号。例如：

```
# -*- coding: utf-8 -*-
import Matplotlib as mpl
import Matplotlib.pyplot as plt

t=np.arange(0.0,2.0,0.1)
s=np.sin(t*np.pi)
plt.subplot(2,2,1)          #要生成两行两列，这是第一个图
plt.plot(t,s,'b*')
plt.ylabel('y1')
plt.subplot(2,2,2)          #两行两列，这是第二个图
plt.plot(2*t,s,'r--')
plt.ylabel('y2')
plt.subplot(2,2,3)          #两行两列，这是第三个图
plt.plot(3*t,s,'m--')
plt.ylabel('y3')
plt.subplot(2,2,4)          #两行两列，这是第四个图
plt.plot(4*t,s,'k*')
plt.ylabel('y4')
plt.show()
```

执行上面的代码，生成如图 8-8 所示的整合图形。

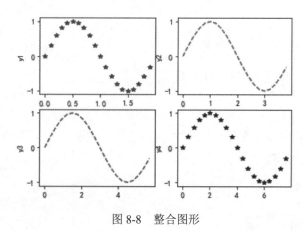

图 8-8　整合图形

第二种方法：按位置绘图——使用 subplots 函数

函数格式：`plt.subplots(x,y)`

这个方法更直接，是指事先把画板分隔好，例如：

```
# -*- coding: utf-8 -*-
import Matplotlib as mpl
import Matplotlib.pyplot as plt

t=np.arange(0.0,2.0,0.1)
s=np.sin(t*np.pi)
c=np.cos(t*np.pi)
figure,ax=plt.subplots(2,2)
ax[0][0].plot(t,s,'r*')
ax[0][1].plot(t*2,s,'b--')
ax[1][0].plot(t,c,'g*')
ax[1][1].plot(t*2,c,'y--')
```

执行上面的代码，生成如图 8-9 所示的整合图形。

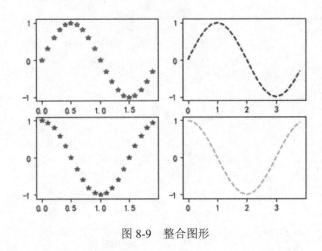

图 8-9　整合图形

应用场景：

需要将多个图形有机地整合为一张图形，便于后续进行深入的比较分析。

8.6.2　实例：区域销售额与利润额分析

由于受区域经济环境、生活环境、文化环境等的影响，电商企业的产品销售往往会呈现区域性差异，为了深入地研究某企业的产品是否在 2019 年具有区域差异性，我们这里使用 subplot 函数进行可视化分析，Python 代码如下：

```
# -*- coding: utf-8 -*-

import Matplotlib as mpl
```

```
import Matplotlib.pyplot as plt
from impala.dbapi import connect
mpl.rcParams['font.sans-serif']=['SimHei']      #显示中文
plt.rcParams['axes.unicode_minus']=False        #正常显示负号

#连接 Hadoop 数据库
v1 = []
v2 = []
v3 = []
v4 = []
conn = connect(host='192.168.1.7', port=10000,
database='sales',auth_mechanism='NOSASL',user='root')
cursor = conn.cursor()

#读取 Hadoop 订单表数据
sql_num = "SELECT
region,ROUND(SUM(sales)/10000,2),ROUND(SUM(profit)/10000,2),ROUND(SUM(amount),
2) FROM orders WHERE dt=2019 GROUP BY region"
cursor.execute(sql_num)
sh = cursor.fetchall()
for s in sh:
    v1.append(s[0])
    v2.append(s[1])
    v3.append(s[2])
    v4.append(s[3])

figure()                         #绘制一张图片
plt.figure(figsize=(15,8))       #设置图形大小

subplot(231)
plt.plot(v1, v2)                 #v1、v2 的折线图

subplot(232)
plt.bar(v1, v3)                  #v1、v3 的条形图

subplot(233)
plt.barh(v2, v3, alpha=0.5, color='red', edgecolor='red', lw=3)    #v2、v3 的水
平条形图

subplot(234)
plt.bar(v2, v3, alpha=0.5, width=1.6, color='yellow', edgecolor='red', lw=1)
#v2、v3 的条形图
```

```
subplot(235)
plt.boxplot(v2)                    #v2 的箱线图

subplot(236)
plt.scatter(v2, v3)                #v2、v3 的散点图

plt.suptitle('2019 年区域销售额比较分析', fontsize=15)
plt.show()
```

在 Jupyter Lab 中运行上述代码，生成如图 8-10 所示的复合图形。从图中可以看出，该企业在 2019 年各地区的销售额基本情况，其中华东地区的销售额最多，而利润额最多的是中南地区；销售额多利润额不一定多，且可以看出销售额在 145 万附近时，利润额是最大的；6 个地区的销售额最大值大约在 170 万，平均值在 100 万左右。

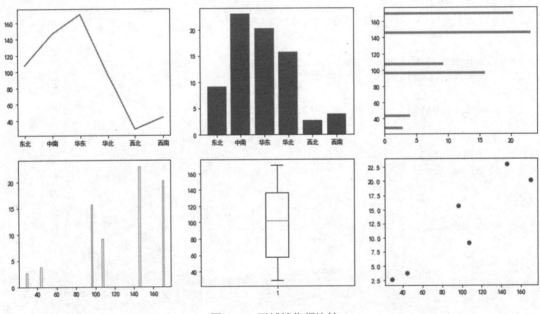

图 8-10　区域销售额比较

第三部分
Pyecharts 数据可视化

　　本部分我们将通过案例介绍 Python 中另一个非常重要的可视化包 Pyecharts，这是一款将 Python 与 Echarts 相结合的强大数据可视化工具，可以高度灵活地配置，轻松搭配出精美的图表。本部分将介绍如何通过 Pyecharts 绘制可视化视图，包括图形的参数配置以及绘制一些常用的视图，包括折线图、条形图、箱形图、日历图、漏斗图、仪表盘、环形图等共计 15 种，此外，还会通过具体案例介绍 Pyecharts 如何与 Django 进行集成。

第 9 章

Pyecharts 图形参数配置

图形的参数配置是数据可视化的基础，Pyecharts 中的参数配置比较简单，可以分为全局配置项和系列配置项。本章我们将深入细致地列出每种配置。同时，还会简单地介绍 Pyecharts 的几种运行环境，读者可以根据实际工作需求选择适合自己的程序运行环境。

9.1　全局配置项

Pyecharts 视图的全局配置项文件位于 \Anaconda3\Lib\site-packages\pyecharts\options 下的 global_options.py 文档中，可以通过 set_global_options 方法设置。

9.1.1　基本元素配置项

Pyecharts 的基本元素配置项主要包括：InitOpts、ToolBoxFeatureOpts、ToolboxOpts、TitleOpts、DataZoomOpts、LegendOpts、VisualMapOpts、TooltipOpts 八项配置。

（1）InitOpts：初始化配置项如表 9-1 所示。

表 9-1　初始化配置项

配 置 项	说 明
width	图表画布宽度
height	图表画布高度
chart_id	图表 ID，图表唯一标识，用于在多图表时区分图表
renderer	渲染风格，可选 canvas、svg
page_title	网页标题
theme	图表主题
bg_color	图表背景颜色
js_host	远程 js host

（2）ToolBoxFeatureOpts：工具箱工具配置项如表 9-2 所示。

表 9-2　工具箱工具配置项

配　置　项	说　　明
save_as_image	保存为图片
restore	配置项还原
data_view	数据视图工具，可以展现当前图表所用的数据，编辑后可以动态更新
data_zoom	数据区域缩放，目前只支持直角坐标系的缩放

（3）ToolboxOpts：工具箱配置项如表 9-3 所示。

表 9-3　工具箱配置项

配　置　项	说　　明
is_show	是否显示工具栏组件
orient	工具栏 icon 的布局朝向，可选：horizontal（水平）、vertical（竖直）
pos_left	工具栏组件离容器左侧的距离。left 的值可以是像 20 这样的具体像素值，可以是像'20%' 这样相对于容器高宽的百分比，也可以是 'left'、'center'、'right'。如果 left 的值为 'left'、'center'、'right'，组件就会根据相应的位置自动对齐
pos_right	工具栏组件离容器右侧的距离。right 的值可以是像 20 这样的具体像素值，也可以是像'20%' 这样相对于容器高宽的百分比
pos_top	工具栏组件离容器上侧的距离。top 的值可以是像 20 这样的具体像素值，可以是像 '20%' 这样相对于容器高宽的百分比，也可以是 'top'、'middle'、'bottom'。如果 top 的值为'top'、'middle'、'bottom'，组件就会根据相应的位置自动对齐
pos_bottom	工具栏组件离容器下侧的距离。bottom 的值可以是像 20 这样的具体像素值，也可以是像 '20%' 这样相对于容器高宽的百分比
feature	各工具配置项

（4）TitleOpts：标题配置项如表 9-4 所示。

表 9-4　标题配置项

配　置　项	说　　明
title	主标题文本，支持使用 \n 换行
title_link	主标题跳转 URL 链接
title_target	主标题跳转链接方式默认值是 blank，可选参数为'self'、'blank'、'self 为当前窗口打开, 'blank' 为新窗口打开
subtitle	副标题文本，支持使用 \n 换行
subtitle_link	副标题跳转 URL 链接
subtitle_target	副标题跳转链接方式默认值是 blank，可选参数为'self'、'blank'、'self 为当前窗口打开, 'blank' 为新窗口打开

（续表）

配 置 项	说 明
pos_left	title 组件离容器左侧的距离。left 的值可以是像 20 这样的具体像素值，可以是像 '20%' 这样相对于容器高宽的百分比，也可以是'left'、'center'、'right'。如果 left 的值为'left'、'center'、'right'，组件就会根据相应的位置自动对齐
pos_right	title 组件离容器右侧的距离。right 的值可以是像 20 这样的具体像素值，也可以是像 '20%' 这样相对于容器高宽的百分比
pos_top	title 组件离容器上侧的距离。top 的值可以是像 20 这样的具体像素值，可以是像 '20%' 这样相对于容器高宽的百分比，也可以是'top'、'middle'、'bottom'。如果 top 的值为'top'、'middle'、'bottom'，组件就会根据相应的位置自动对齐
pos_bottom	title 组件离容器下侧的距离。bottom 的值可以是像 20 这样的具体像素值，也可以是像 '20%' 这样相对于容器高宽的百分比
title_textstyle_opts	主标题字体样式配置项
subtitle_textstyle_opts	副标题字体样式配置项

（5）DataZoomOpts：区域缩放配置项如表 9-5 所示。

表 9-5　区域缩放配置项

配 置 项	说 明
is_show	是否显示组件。如果设置为 false，就不会显示，但是数据过滤的功能还存在
type_	组件类型，可选 "slider"、"inside"
is_realtime	拖曳时，是否实时更新系列的视图。如果设置为 false，就只在拖曳结束的时候更新
range_start	数据窗口范围的起始百分比，范围是 0~100，表示 0%~100%
range_end	数据窗口范围的结束百分比，范围是 0~100
start_value	数据窗口范围的起始数值。如果设置了 start，startValue 就会失效
end_value	数据窗口范围的结束数值。如果设置了 end，endValue 就会失效
orient	布局方式是横还是竖。不仅是布局方式，对于直角坐标系而言，也决定了默认情况控制横向数轴还是纵向数轴，可选值为：'horizontal'或'vertical'
xaxis_index	设置 dataZoom-inside 组件控制的 x 轴（xAxis，直角坐标系中的概念，参见 grid）。不指定时，当 dataZoom-inside.orient 为 'horizontal'时，默认控制和 dataZoom 平行的第一个 xAxis。如果是 number，就表示控制一个轴；如果是 Array，就表示控制多个轴
yaxis_index	设置 dataZoom-inside 组件控制的 y 轴（yAxis，是直角坐标系中的概念）。不指定时，当 dataZoom-inside.orient 为 'horizontal'时，默认控制和 dataZoom 平行的第一个 yAxis。如果是 number，就表示控制一个轴；如果是 Array，就表示控制多个轴
is_zoom_lock	是否锁定选择区域（或叫作数据窗口）的大小。如果设置为 true，就锁定选择区域的大小，也就是说，只能平移，不能缩放

（续表）

配 置 项	说　　明
pos_left	dataZoom-slider 组件离容器左侧的距离。left 的值可以是像 20 这样的具体像素值，可以是像 '20%' 这样相对于容器高宽的百分比，也可以是'left'、'center'、'right'。如果 left 的值为 'left'、'center'、'right'，组件就会根据相应的位置自动对齐
pos_top	dataZoom-slider 组件离容器上侧的距离。top 的值可以是像 20 这样的具体像素值，可以是像'20%'这样相对于容器高宽的百分比，也可以是 'top'、'middle'、'bottom'。如果 top 的值为'top'、'middle'、'bottom'，组件就会根据相应的位置自动对齐
pos_right	dataZoom-slider 组件离容器右侧的距离。right 的值可以是像 20 这样的具体像素值，也可以是像 '20%'这样相对于容器高宽的百分比，默认自适应
pos_bottom	dataZoom-slider 组件离容器下侧的距离。bottom 的值可以是像 20 这样的具体像素值，也可以是像'20%'这样相对于容器高宽的百分比，默认自适应

（6）LegendOpts：图例配置项如表 9-6 所示。

表9-6　图例配置项

配 置 项	说　　明
type_	图例的类型。可选值：'plain'，为普通图例，默认就是普通图例；'scroll'：可滚动翻页的图例，当图例数量较多时可以使用。
selected_mode	图例选择的模式，控制是否可以通过单击图例改变系列的显示状态。默认开启图例选择，可以设成 false，关闭图例选择，除此之外，也可以设成'single'或者'multiple'，使用单选或者多选模式
is_show	是否显示图例组件
pos_left	图例组件离容器左侧的距离。left 的值可以是像 20 这样的具体像素值，可以是像 '20%' 这样相对于容器高宽的百分比，也可以是 'left'、'center'、'right'。如果 left 的值为'left'、'center'、'right'，组件就会根据相应的位置自动对齐
pos_right	图例组件离容器右侧的距离。right 的值可以是像 20 这样的具体像素值，也可以是像 '20%' 这样相对于容器高宽的百分比
pos_top	图例组件离容器上侧的距离。top 的值可以是像 20 这样的具体像素值，可以是像 '20%' 这样相对于容器高宽的百分比，也可以是 'top'、'middle'、'bottom'。如果 top 的值为'top'、'middle'、'bottom'，组件就会根据相应的位置自动对齐
pos_bottom	图例组件离容器下侧的距离。bottom 的值可以是像 20 这样的具体像素值，也可以是像 '20%' 这样相对于容器高宽的百分比
orient	图例列表的布局朝向，可选：'horizontal'或'vertical'
textstyle_opts	图例组件的字体样式

（7）VisualMapOpts：视觉映射配置项如表 9-7 所示。

表 9-7　视觉映射配置项

配 置 项	说　明
type_	映射过渡类型，可选："color"或"size"
min_	指定 visualMapPiecewise 组件的最小值
max_	指定 visualMapPiecewise 组件的最大值
range_text	两端的文本，如['High', 'Low']
range_color	visualMap 组件过渡颜色
range_size	visualMap 组件过渡 symbol 大小
orient	如何放置 visualMap 组件：水平'horizontal'或竖直'vertical'
pos_left	visualMap 组件离容器左侧的距离。left 的值可以是像 20 这样的具体像素值，可以是像 '20%' 这样相对于容器高宽的百分比，也可以是 'left'、'center'、'right'。如果 left 的值为 'left'、'center'、'right'，组件就会根据相应的位置自动对齐
pos_right	visualMap 组件离容器右侧的距离。right 的值可以是像 20 这样的具体像素值，也可以是像 '20%' 这样相对于容器高宽的百分比
pos_top	visualMap 组件离容器上侧的距离。top 的值可以是像 20 这样的具体像素值，也可以是像 '20%' 这样相对于容器高宽的百分比，也可以是 'top'、'middle'、'bottom'。如果 top 的值为'top'、'middle'、'bottom'，组件就会根据相应的位置自动对齐
pos_bottom	visualMap 组件离容器下侧的距离。bottom 的值可以是像 20 这样的具体像素值，也可以是像 '20%' 这样相对于容器高宽的百分比
split_number	对于连续型数据，自动平均切分成几段，默认为 5 段。连续数据的范围需要 max 和 min 来指定
dimension	组件映射维度
is_calculable	是否显示拖曳用的手柄（手柄能拖曳调整选中范围）
is_piecewise	是否为分段型
pieces	自定义每一段的范围、每一段的文字以及每一段的特别样式
out_of_range	定义在选中范围外的视觉元素（用户可以和 visualMap 组件交互，用鼠标或触摸选择范围）
textstyle_opts	文字样式配置项

（8）TooltipOpts：提示框配置项如表 9-8 所示。

表 9-8　提示框配置项

配 置 项	说　明
is_show	是否显示提示框组件，包括提示框浮层和 axisPointer
trigger	触发类型，可选：'item'、'axis'、'none'

（续表）

配 置 项	说　明
trigger_on	提示框触发的条件，可选：'mousemove'，鼠标移动时触发；'click'，鼠标单击时触发；'mousemove|click'，鼠标同时移动和单击时触发；'none'，不在'mousemove'或'click'时触发
axis_pointer_type	指示器类型。可选：'line'，直线指示器；'shadow'，阴影指示器；'none'，无指示器；'cross'，十字准星指示器。其实这是一种简写，表示启用两个正交的轴的 axisPointer
background_color	提示框浮层的背景颜色
border_color	提示框浮层的边框颜色
border_width	提示框浮层的边框宽
textstyle_opts	文字样式配置项

9.1.2　坐标轴配置项

Pyecharts 的坐标轴配置项主要包括：AxisLineOpts、AxisTickOpts、AxisPointerOpts、AxisOpts、SingleAxisOpts 五项个配置。

（1）AxisLineOpts: 坐标轴轴线配置项如表 9-9 所示。

表 9-9　坐标轴轴线配置项

配 置 项	说　明
is_show	是否显示坐标轴轴线
is_on_zero	X 轴或者 Y 轴的轴线是否在另一个轴的 0 刻度上，只有在另一个轴为数值轴且包含 0 刻度时有效
on_zero_axis_index	当有双轴时，可以用这个属性手动指定在哪个轴的 0 刻度上
symbol	轴线两边的箭头。可以是字符串，表示两端使用同样的箭头；或者长度为 2 的字符串数组，分别表示两端的箭头。默认不显示箭头，即 'none'。两端都显示箭头可以设置为 'arrow'。只在末端显示箭头可以设置为 ['none', 'arrow']
linestyle_opts	坐标轴线风格配置项

（2）AxisTickOpts: 坐标轴刻度配置项如表 9-10 所示。

表 9-10　坐标轴刻度配置项

配 置 项	说　明
is_show	是否显示坐标轴刻度
is_align_with_label	类目轴中在 boundaryGap 为 true 的时候有效，可以保证刻度线和标签对齐
is_inside	坐标轴刻度是否朝内，默认朝外
length	坐标轴刻度的长度
linestyle_opts	坐标轴线风格配置项

（3）AxisPointerOpts：坐标轴指示器配置项如表 9-11 所示。

表 9-11　坐标轴指示器配置项

配　置　项	说　明
is_show	默认显示坐标轴指示器
type_	指示器类型。可选参数：默认为 'line"line'，表示直线指示器，'shadow'为阴影指示器，'none'为无指示器
label	坐标轴指示器的文本标签，坐标轴标签配置项
linestyle_opts	坐标轴线风格配置项

（4）AxisOpts：坐标轴配置项如表 9-12 所示。

表 9-12　坐标轴配置项

配　置　项	说　明
type_	坐标轴类型。可选：'value'、'category'、'time'。例如会根据跨度的范围来决定使用月、星期、日还是小时范围的刻度。'log'为对数轴，适用于对数数据
name	坐标轴名称
is_show	是否显示 x 轴
is_scale	只在数值轴中（type：'value'）有效。设置成 true 后，坐标刻度不会强制包含零刻度。在双数值轴的散点图中比较有用。在设置 min 和 max 之后该配置项无效
is_inverse	是否强制设置坐标轴分割间隔
name_location	坐标轴名称显示位置。可选：'start'、'middle' 或者'center'、'end'
name_gap	坐标轴名称与轴线之间的距离
name_rotate	坐标轴名字旋转，角度值
interval	强制设置坐标轴分割间隔。因为 splitNumber 是预估的值，实际根据策略计算出来的刻度可能无法达到想要的效果，这时可以使用 interval 配合 min、max 强制设定刻度划分，一般不建议使用。无法在类目轴中使用。在时间轴（type: 'time'）中需要传时间戳，在对数轴（type: 'log'）中需要传指数值
grid_index	x 轴所在的 grid 的索引，默认位于第一个 grid
position	x 轴的位置。可选：'top'、'bottom'，默认 grid 中的第一个 x 轴在 grid 的下方（'bottom'），第二个 x 轴视第一个 x 轴的位置放在另一侧
offset	Y 轴相对于默认位置的偏移，在相同的 position 上有多个 Y 轴的时候有用
split_number	坐标轴的分割段数，需要注意的是这个分割段数只是一个预估值，最后实际显示的段数会在这个基础上根据分割后坐标轴刻度显示的易读程度进行调整。默认值是 5

（续表）

配 置 项	说　明
boundary_gap	坐标轴两边的留白策略，类目轴和非类目轴的设置和表现不一样。在类目轴中，boundaryGap 可以配置为 true 和 false。默认为 true，这时刻度只是作为分隔线，标签和数据点都会在两个刻度之间的带（band）中间。非类目轴包括时间、数值、对数轴，boundaryGap 是两个值的数组，分别表示数据最小值和最大值的延伸范围，可以直接设置数值或者相对的百分比，在设置 min 和 max 后无效
min_	坐标轴刻度最小值。可以设置成特殊值 'dataMin'，此时取数据在该轴上的最小值作为最小刻度。不设置时会自动计算最小值，保证坐标轴刻度的均匀分布。在类目轴中，也可以设置为类目的序数（类目轴 data 也可以设置为负数，如-3）
max_	坐标轴刻度最大值。可以设置成特殊值 'dataMax'，此时取数据在该轴上的最大值作为最大刻度。不设置时会自动计算最大值，保证坐标轴刻度的均匀分布。在类目轴中，也可以设置为类目的序数（类目轴 data 也可以设置为负数，如-3）
min_interval	自动计算坐标轴的最小间隔大小。例如，可以设置成 1，保证坐标轴分割刻度显示成整数。默认值是 0
max_interval	自动计算坐标轴的最大间隔大小。例如，在时间轴（type: 'time'）可以设置成 3600 * 24 * 1000，保证坐标轴分割刻度最大为一天
axisline_opts	坐标轴刻度线配置项
axistick_opts	坐标轴刻度配置项
axislabel_opts	坐标轴标签配置项
axispointer_opts	坐标轴指示器配置项
name_textstyle_opts	坐标轴名称的文字样式
splitarea_opts	分割区域配置项
splitline_opts	分割线配置项

（5）SingleAxisOpts：单轴配置项如表 9-13 所示。

表 9-13　单轴配置项

配 置 项	说　明
name	坐标轴名称
max_	坐标轴刻度最大值。可以设置成特殊值 'dataMax'，此时取数据在该轴上的最大值作为最大刻度。不设置时会自动计算最大值，保证坐标轴刻度的均匀分布。在类目轴中，也可以设置为类目的序数（如类目轴 data 也可以设置为负数，如-3）
min_	坐标轴刻度最小值。可以设置成特殊值 'dataMin'，此时取数据在该轴上的最小值作为最小刻度。不设置时会自动计算最小值，保证坐标轴刻度的均匀分布。在类目轴中，也可以设置为类目的序数（类目轴 data 也可以设置为负数，如-3）
pos_left	single 组件离容器左侧的距离。left 的值可以是像 20 这样的具体像素值，可以是像'20%'这样相对于容器高宽的百分比，也可以是 'left'、'center'、'right'。如果 left 的值为'left'、'center'、'right'，组件就会根据相应的位置自动对齐

（续表）

配 置 项	说 明
pos_right	single 组件离容器右侧的距离。right 的值可以是像 20 这样的具体像素值，也可以是像 '20%' 这样相对于容器高宽的百分比
pos_top	single 组件离容器上侧的距离。top 的值可以是像 20 这样的具体像素值，可以是像 '20%' 这样相对于容器高宽的百分比，也可以是'top'、'middle'、'bottom'。如果 top 的值为'top'、'middle'、'bottom'，组件就会根据相应的位置自动对齐
pos_bottom	single 组件离容器下侧的距离。bottom 的值可以是像 20 这样的具体像素值，也可以是像 '20%' 这样相对于容器高宽的百分比
width	single 组件的宽度。默认自适应
height	single 组件的高度。默认自适应
orient	轴的朝向，默认为水平朝向，可以设置成 'vertical' 垂直朝向
type_	坐标轴类型。可选：'value'、'category'、'time'，例如会根据跨度的范围来决定使用月、星期、日还是小时范围的刻度。'log'为对数轴，适用于对数数据

9.1.3 原生图形配置项

Pyecharts 的原生图形配置项包括：GraphicGroup、GraphicItem、GraphicBasicStyleOpts、GraphicShapeOpts、GraphicImage、GraphicText、GraphicTextStyleOpts、GraphicRect 8 项配置。

（1）GraphicGroup：原生图形元素组件如表 9-14 所示。

表 9-14　原生图形元素组件

配 置 项	说 明
graphic_item	图形的配置项
is_diff_children_by_name	根据其 children 中每个图形元素的 name 属性进行重绘
children	子节点列表，其中项都是一个图形元素定义。目前可以选择 GraphicText、GraphicImage、GraphicRect

（2）GraphicItem：原生图形配置项如表 9-15 所示。

表 9-15　原生图形配置项

配 置 项	说 明
id_	id 用于在更新或删除图形元素时指定更新或删除哪个图形元素，不需要用时可以忽略
action	指定对图形元素的操作行为。可选：'merge'，如果已有元素，新的配置项和已有的设定进行 merge，如果没有就新建；'replace'，如果已有元素，就删除，并新建元素进行替代；'remove'：删除元素
position	平移：默认值是 [0,0]。表示 [横向平移的距离, 纵向平移的距离]。右和下为正值
rotation	旋转：默认值是 0。表示旋转的弧度值。正值表示逆时针旋转

（续表）

配　置　项	说　明
scale	缩放：默认值是 [1, 1]。表示 [横向缩放的倍数, 纵向缩放的倍数]
origin	origin 指定了旋转和缩放的中心点，默认值是 [0, 0]
left	描述怎么根据父元素进行定位。父元素是指：如果是顶层元素，父元素就是 echarts 图表容器；如果是 group 的子元素，父元素就是 group 元素。值的类型可以是：数值，表示像素值；百分比值，如 '33%'，用父元素的高和此百分比计算出最终值；位置，如 'center'，表示自动居中。注：left 和 right 只有一个可以生效。如果指定 left 或 right，shape 里的 x、cx 等定位属性就不再生效
right	值的类型可以是：数值，表示像素值；百分比值，如 '33%'，用父元素的高和此百分比计算出最终值，位置，如'center'，表示自动居中。注：left 和 right 只有一个可以生效。如果指定 left 或 right，shape 里的 x、cx 等定位属性就不再生效
top	配置和 left 及 right 相同，注：top 和 bottom 只有一个可以生效
bottom	配置和 left 及 right 相同，注：top 和 bottom 只有一个可以生效
bounding	决定此图形元素在定位时，对自身的包围盒计算方式。可选：'all'（默认），表示用自身以及子节点整体的经过 transform 后的包围盒进行定位，这种方式易于使整体都限制在父元素范围中；'raw'，表示仅仅用自身（不包括子节点）的没经过 transform 的包围盒进行定位，这种方式易于内容超出父元素范围的定位方式
z	z 方向的高度，决定层叠关系
z_level	决定此元素绘制在哪个 canvas 层中。注意，越多 canvas 层会占用越多资源
is_silent	是否不响应鼠标以及触摸事件
is_invisible	节点是否可见
is_ignore	节点是否完全被忽略（既不渲染，又不响应事件）
cursor	鼠标悬浮在图形元素上时，鼠标的样式是什么。同 CSS 的 cursor
is_draggable	图形元素是否可以被拖曳
is_progressive	是否渐进式渲染。当图形元素过多时才使用
width	用于描述此 group 的宽。这个宽只用于给子节点定位。即便当宽度为零的时候，子节点也可以使用 left
height	用于描述此 group 的高。这个高只用于给子节点定位。即便当高度为零的时候，子节点也可以使用 top

（3）GraphicBasicStyleOpts：原生图形基础配置项如表 9-16 所示。

表 9-16　原生图形基础配置项

配　置　项	说　明
fill	填充色
stroke	笔画颜色

（续表）

配　置　项	说　明
line_width	笔画宽度
shadow_blur	阴影宽度
shadow_offset_x	阴影 X 方向偏移
shadow_offset_y	阴影 Y 方向偏移
shadow_color	阴影颜色

（4）GraphicShapeOpts：原生图形形状配置项如表 9-17 所示。

表 9-17　原生图形形状配置项

配　置　项	说　明
pos_x	图形元素的左上角在父节点坐标系（以父节点左上角为原点）中的横坐标值
pos_y	图形元素的左上角在父节点坐标系（以父节点左上角为原点）中的纵坐标值
width	图形元素的宽度
height	图形元素的高度
r	可以用于设置圆角矩形。r 可以缩写，例如 r 缩写为[1]相当于[1,1,1,1]，r 缩写为[1,2]相当于[1,2,1,2]

（5）GraphicImage：原生图形图片配置项如表 9-18 所示。

表 9-18　原生图形图片配置项

配　置　项	说　明
graphic_item	图形的配置项
graphic_imagestyle_opts	图形图片样式的配置项
image	图片的内容，可以是图片的 URL
pos_x	图形元素的左上角在父节点坐标系（以父节点左上角为原点）中的横坐标值
pos_y	图形元素的左上角在父节点坐标系（以父节点左上角为原点）中的纵坐标值
width	图形元素的宽度
height	图形元素的高度
opacity	透明度为 0~1，1 即完整显示
graphic_basicstyle_opts	图形基本配置项

（6）GraphicText：原生图形文本配置项如表 9-19 所示。

表 9-19　原生图形文本配置项

配　置　项	说　明
graphic_item	图形的配置项
graphic_textstyle_opts	图形文本样式的配置项

（7）GraphicTextStyleOpts：原生图形文本样式配置项如表 9-20 所示。

表 9-20　原生图形文本样式配置项

配　置　项	说　明
text	文本块文字。可以使用\n 来换行
pos_x	图形元素的左上角在父节点坐标系（以父节点左上角为原点）中的横坐标值
pos_y	图形元素的左上角在父节点坐标系（以父节点左上角为原点）中的纵坐标值
font	字体大小、字体类型、粗细、字体样式。例如 //size|familyfont//style|weight|size|familyfont//weight|size|familyfont
text_align	水平对齐方式，取值：'left'、'center'、'right'。默认值为'left'。如果为'left'，就表示文本最左端在 x 值上；如果为'right'，就表示文本最右端在 x 值上
text_vertical_align	垂直对齐方式，取值：'top'、'middle'、'bottom'。默认值为'None'
graphic_basicstyle_opts	图形基本配置项

（8）GraphicRect：原生图形矩形配置项如表 9-21 所示。

表 9-21　原生图形矩形配置项

配　置　项	说　明
graphic_item	图形的配置项
graphic_shape_opts	图形的形状配置项
graphic_basicstyle_opts	图形基本配置项

9.2　系列配置项

Pyecharts 视图的系列配置项文件位于\Anaconda3\Lib\site-packages\pyecharts\options 下的 series_options.py 文件中，可以通过 set_series_options 方法进行设置。

9.2.1　样式类配置项

Pyecharts 的样式类配置项主要包括：ItemStyleOpts、TextStyleOpts、LabelOpts、LineStyleOpts、SplitLineOpts 五项。

（1）ItemStyleOpts：图元样式配置项如表 9-22 所示。

表 9-22　图元样式配置项

配　置　项	说　明
color	图形的颜色
color0	阴线图形的颜色
border_color	图形的描边颜色。支持的颜色格式同 color，不支持回调函数
border_color0	阴线图形的描边颜色
Opacity	图形透明度。支持从 0~1 的数字，为 0 时不绘制该图形

（2）TextStyleOpts：文字样式配置项如表 9-23 所示。

表 9-23　文字样式配置项

配　置　项	说　明
color	文字颜色
font_style	文字字体的风格可选：'normal'、'italic'、'oblique'
font_weight	主标题文字字体的粗细，可选：'normal'、'bold'、'bolder'、'lighter'
font_family	文字的字体系列还可以是'serif'、'monospace'、'Arial'、'Courier New'、'Microsoft YaHei'
font_size	文字的字体大小
align	文字水平对齐方式，默认自动
vertical_align	文字垂直对齐方式，默认自动
line_height	行高
background_color	文字块背景色。可以是直接的颜色值，例如'#123234'、'red'、'rgba(0,23,11,0.3)'
border_color	文字块边框颜色
border_width	文字块边框宽度
border_radius	文字块的圆角
padding	文字块的内边距，例如 padding: [3, 4, 5, 6]表示 [上，右，下，左] 的边距，padding: 4 表示 padding: [4, 4, 4, 4]，padding: [3, 4]表示 padding: [3, 4, 3, 4]
shadow_color	文字块的背景阴影颜色
shadow_blur	文字块的背景阴影长度
width	文字块的宽度
height	文字块的高度
rich	在 rich 里面，可以自定义富文本样式。利用富文本样式可以在标签中做出非常丰富的效果

（3）LabelOpts：标签配置项如表 9-24 所示。

表 9-24　标签配置项

配　置　项	说　明
is_show	是否显示标签
position	标签的位置，可选'top'、'left'、'right'、'bottom'、'inside'、'insideLeft'、'insideRight''insideTop'、'insideBottom'、'insideTopLeft'、'insideBottomLeft'、'insideTopRight'、'insideBottomRight'
color	文字的颜色。若设置为 'auto'，则为视觉映射得到的颜色，如系列色
font_size	文字的字体大小
font_style	文字字体的风格，可选'normal'、'italic'、'oblique'
font_weight	文字字体的粗细，可选'normal'、'bold'、'bolder'、'lighter'
font_family	文字的字体系列还可以是'serif'、'monospace'、'Arial'、'Courier New'、'Microsoft YaHei'
rotate	标签旋转。从-90 度到 90 度。正值是逆时针
margin	刻度标签与轴线之间的距离
interval	坐标轴刻度标签的显示间隔，在类目轴中有效。默认会采用标签不重叠的策略间隔显示标签。可以设置成 0 强制显示所有标签。如果设置为 1，就表示隔一个标签显示一个标签，如果值为 2，就表示隔两个标签显示一个标签，以此类推。可以用数值表示间隔的数据，也可以通过回调函数控制。回调函数格式为：（index: number, value: string）=>boolean，其中第一个参数是类目的 index，第二个值是类目名称，如果跳过返回 false
horizontal_align	文字水平对齐方式，默认自动，可选'left'、'center'、'right'
vertical_align	文字垂直对齐方式，默认自动，可选'top'、'middle'、'bottom'
rich	在 rich 里面可以自定义富文本样式。利用富文本样式可以在标签中做出非常丰富的效果

（4）LineStyleOpts：线样式配置项如表 9-25 所示。

表 9-25　线样式配置项

配　置　项	说　明
width	线宽
opacity	图形透明度。支持从 0~1 的数字，为 0 时不绘制该图形
curve	线的弯曲度，0 表示完全不弯曲
type_	线的类型，可选'solid'、'dashed'、'dotted'
color	线的颜色

（5）SplitLineOpts：分割线配置项如表 9-26 所示。

表 9-26　分割线配置项

配 置 项	说　明
is_show	是否显示分割线
linestyle_opts	线风格配置项

9.2.2　标记类配置项

Pyecharts 的标记类配置项主要包括：MarkPointItem、MarkPointOpts、MarkLineItem、MarkLineOpts、MarkAreaItem、MarkAreaOpts 六项。

（1）MarkPointItem：标记点数据项如表 9-27 所示。

表 9-27　标记点数据项

数 据 项	说　明
name	标注名称
type_	特殊的标注类型，用于标注最大值、最小值等。可选：'min'，最小值；'max'，最大值；'average'，平均值
value_index	在使用 type 时有效，用于指定在哪个维度上指定最大值和最小值，可以是 0（xAxis, radiusAxis）、1（yAxis, angleAxis），默认使用第一个数值轴所在的维度
value_dim	在使用 type 时有效，用于指定在哪个维度上指定最大值和最小值。这可以是维度的直接名称，例如折线图中可以是 x、angle 等，candlestick 图中可以是 open、close 等维度名称
coord	标注的坐标。坐标格式视系列的坐标系而定，可以是直角坐标系上的 x、y，也可以是极坐标系上的 radius、angle，例如[121, 2323]、['aa', 998]
x	相对容器的屏幕 x 坐标，单位为像素
y	相对容器的屏幕 y 坐标，单位为像素
value	标注值，可以不设置
symbol	标记的图形。ECharts 提供的标记类型包括 'circle'、'rect'、'roundRect'、'triangle'、'diamond'、'pin'、'arrow'、'none'可以通过'image://url'设置为图片，其中 URL 为图片的链接，或者 dataURI
symbol_size	标记的大小，可以设置成诸如 10 这样单一的数字，也可以用数组分开表示宽和高，例如 [20, 10] 表示标记宽为 20、高为 10
itemstyle_opts	标记点样式配置项

（2）MarkPointOpts：标记点配置项如表 9-28 所示。

表9-28　标记点配置项

配 置 项	说　明
data	标记点数据
symbol	标记的图形。ECharts 提供的标记类型包括 'circle'、'rect'、'roundRect'、'triangle'、'diamond'、'pin'、'arrow'、'none'可以通过 'image
symbol_size	标记的大小，可以设置成诸如 10 这样单一的数字，也可以用数组分开表示宽和高，例如[20, 10]表示标记宽为 20、高为 10。如果需要每个数据的图形大小不一样，就可以设置回调函数的格式为：(value: Arraylnumber, params: Object) =>number/Array，其中第一个参数 value 为 data 中的数据值，第二个参数 params 是其他的数据项参数
label_opts	标签配置项

（3）MarkLineItem：标记线数据项如表 9-29 所示。

表 9-29　标记线数据项

数 据 项	说　明
name	标注名称
type_	特殊的标注类型，用于标注最大值和最小值等。可选：'min', 最小值; 'max', 最大值; 'average'，平均值
x	相对容器的屏幕 x 坐标，单位为像素
y	相对容器的屏幕 y 坐标，单位为像素
value_index	在使用 type 时有效，用于指定在哪个维度上指定最大值和最小值，可以是 0（xAxis, radiusAxis）、1（yAxis, angleAxis），默认使用第一个数值轴所在的维度
value_dim	在使用 type 时有效，用于指定在哪个维度上指定最大值和最小值。这可以是维度的直接名称，例如折线图中可以是 x、angle 等，candlestick 图中可以是 open、close 等维度名称
coord	起点或终点的坐标。坐标格式视系列的坐标系而定，可以是直角坐标系上的 x、y，也可以是极坐标系上的 radius、angle
symbol	终点标记的图形。ECharts 提供的标记类型包括'circle'、'rect'、'roundRect'、'triangle'、'diamond'、'pin'、'arrow'、'none'可以通过'image://url'设置为图片，其中 URL 为图片的链接或者 dataURI
symbol_size	标记的大小，可以设置成诸如 10 这样单一的数字，也可以用数组分开表示宽和高，例如 [20, 10] 表示标记宽为 20、高为 10

（4）MarkLineOpts：标记线配置项如表 9-30 所示。

表 9-30　标记线配置项

配　置　项	说　　明
is_silent	图形是否不响应和触发鼠标事件，默认为 false，即响应和触发鼠标事件
data	标记线数据
symbol	标线两端的标记类型，可以是一个数组分别指定两端，也可以是单个统一指定，具体格式见 data.symbol
symbol_size	标线两端的标记大小，可以是一个数组分别指定两端，也可以是单个统一指定
precision	标线数值的精度，在显示平均值线的时候有用
label_opts	标签配置项
linestyle_opts	标记线样式配置项

（5）MarkAreaItem: 标记区域数据项如表 9-31 所示。

表 9-31　标记区域数据项

配　置　项	说　　明
name	区域名称，仅仅就是一个名称而已
type_	特殊的标注类型，用于标注最大值和最小值等。可选：'min'，最小值；'max'，最大值；'average'，平均值
value_index	在使用 type 时有效，用于指定在哪个维度上指定最大值和最小值，可以是 0（xAxis, radiusAxis）、1（yAxis, angleAxis）。默认使用第一个数值轴所在的维度
value_dim	在使用 type 时有效，用于指定在哪个维度上指定最大值和最小值。这可以是维度的直接名称，例如折线图中可以是 x、angle 等，candlestick 图中可以是 open、close 等维度名称
x	相对容器的屏幕 x 坐标，单位为像素，支持百分比形式，例如 '20%'
y	相对容器的屏幕 y 坐标，单位为像素，支持百分比形式，例如 '20%'
label_opts	标签配置项
itemstyle_opts	该数据项区域的样式，起点和终点项的 itemStyle 会合并到一起

（6）MarkAreaOpts: 标记区域配置项如表 9-32 所示。

表 9-32　标记区域配置项

配　置　项	说　　明
is_silent	图形是否不响应和触发鼠标事件，默认为 False，即响应和触发鼠标事件
label_opts	标签配置项
data	标记区域数据

9.2.3　其他类配置项

Pyecharts 的其他类配置项主要包括：EffectOpts、AreaStyleOpts、SplitAreaOpts 三项。

（1）EffectOpts：涟漪特效配置项如表 9-33 所示。

表 9-33　涟漪特效配置项

配　置　项	说　　明
is_show	是否显示特效
brush_type	波纹的绘制方式，可选 'stroke' 和 'fill'，Scatter 类型有效
scale	动画中波纹的最大缩放比例，Scatter 类型有效
period	动画的周期，秒数，Scatter 类型有效
color	特效标记的颜色
symbol	特效图形的标记。ECharts 提供的标记类型包括 'circle'、'rect'、'roundRect'、'triangle'、'diamond'、'pin'、'arrow'、'none'可以通过 'image://url'设置为图片，其中 URL 为图片的链接，或者 dataURI
symbol_size	特效标记的大小，可以设置成诸如 10 这样单一的数字，也可以用数组分开表示高和宽，例如 [20, 10] 表示标记宽为 20、高为 10
trail_length	特效尾迹的长度。取值为 0~1，数值越大，尾迹越长。Geo 图设置 Lines 类型时有效

（2）AreaStyleOpts：区域填充样式配置项如表 9-34 所示。

表 9-34　区域填充样式配置项

配　置　项	说　　明
opacity	图形透明度。支持 0~1 的数字，为 0 时不绘制该图形
color	填充的颜色

（3）SplitAreaOpts：分隔区域配置项如表 9-35 所示。

表 9-35　分隔区域配置项

配　置　项	说　　明
is_show	是否显示分隔区域
areastyle_opts	分隔区域的样式配置项

9.3　运行环境

在可视化分析中，Pyecharts 可以生成 HTML 和图片文件，还可以运行在 Jupyter Notebook 和 Jupyter Lab 环境下，每种环境下的代码存在一定差异。下面将结合案例进行介绍。

> **注 意**
>
> 每种运行环境下生成的视图都是如图 9-1 所示的视图，只是视图的输出方式上存在一定的差异。

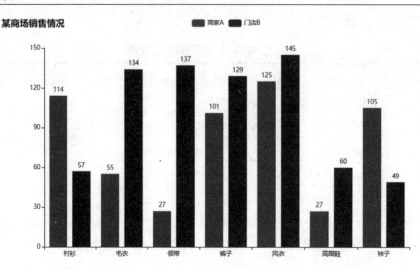

图 9-1　商家 A 和商家 B 销售业绩分析

9.3.1　生成 HTML

Pyecharts 可以通过 render 函数生成 HTML 文件。下面使用代码绘制某商场商家 A 和商家 B 的销售情况的条形图，并将结果生成 HTML 文件。

```
from pyecharts.charts import Bar
from pyecharts import options as opts
bar = (
    Bar()
    .add_xaxis(["衬衫", "毛衣", "领带", "裤子", "风衣", "高跟鞋", "袜子"])
    .add_yaxis("商家A", [114, 55, 27, 101, 125, 27, 105])
    .add_yaxis("门店B", [57, 134, 137, 129, 145, 60, 49])
    .set_global_opts(title_opts=opts.TitleOpts(title="某商场销售情况"))
)
bar.render('mall_sales.html')
```

9.3.2　生成图片

Pyecharts 可以直接将可视化视图生成图片，需要安装 selenium、snapshot_selenium 包，还需要下载 Chromedriver，并复制到谷歌浏览器目录（…\Google\Chrome\Application）以及 Python 目录（…\Anaconda3\Scripts）下。下面使用代码绘制某商场商家 A 和商家 B 的销售情况的条形图，并生成图片。

```python
from snapshot_selenium import snapshot as driver
from pyecharts import options as opts
from pyecharts.charts import Bar
from pyecharts.render import make_snapshot


def bar_chart() -> Bar:
    c = (
        Bar()
        .add_xaxis(["衬衫", "毛衣", "领带", "裤子", "风衣", "高跟鞋", "袜子"])
        .add_yaxis("商家 A", [114, 55, 27, 101, 125, 27, 105])
        .add_yaxis("门店 B", [57, 134, 137, 129, 145, 60, 49])
        .reversal_axis()
        .set_series_opts(label_opts=opts.LabelOpts(position="right"))
        .set_global_opts(title_opts=opts.TitleOpts(title="Bar-测试渲染图片"))
    )
    return c

# 需要安装 snapshot_selenium
make_snapshot(driver, bar_chart().render(), "bar.png")
```

9.3.3　Jupyter Notebook

Python 代码可以在 Jupyter Notebook 环境中运行。下面使用代码绘制某商场商家 A 和商家 B 的销售情况的条形图。

```python
from pyecharts.charts import Bar
from pyecharts import options as opts
bar = (
    Bar()
    .add_xaxis(["衬衫", "毛衣", "领带", "裤子", "风衣", "高跟鞋", "袜子"])
    .add_yaxis("商家 A", [114, 55, 27, 101, 125, 27, 105])
    .add_yaxis("门店 B", [57, 134, 137, 129, 145, 60, 49])
    .set_global_opts(title_opts=opts.TitleOpts(title="某商场销售情况"))
)
bar.render_notebook()
```

9.3.4　Jupyter Lab

Python 代码可以在 Jupyter Lab 环境中运行。下面使用代码绘制某商场商家 A 和商家 B 的销售情况的条形图。

```python
#声明 Notebook 类型，必须在引入 pyecharts.charts 等模块前声明
from pyecharts.globals import CurrentConfig, NotebookType
```

```
CurrentConfig.NOTEBOOK_TYPE = NotebookType.JUPYTER_LAB

from pyecharts.charts import Bar
from pyecharts import options as opts

bar = (
    Bar()
    .add_xaxis(["衬衫", "毛衣", "领带", "裤子", "风衣", "高跟鞋", "袜子"])
    .add_yaxis("商家 A", [114, 55, 27, 101, 125, 27, 105])
    .add_yaxis("门店 B", [57, 134, 137, 129, 145, 60, 49])
    .set_global_opts(title_opts=opts.TitleOpts(title="某商场销售情况"))
)

#第一次渲染时调用 load_javasrcript 文件
bar.load_javascript()
bar.render_notebook()
```

第 10 章

Pyecharts 基础绘图

Pyecharts 可以方便地绘制一些基础视图，包括折线图、条形图、箱形图、涟漪散点图、K 线图以及双坐标轴图等。本章将通过实际案例详细介绍每种视图的具体步骤。

10.1 折线图的绘制

10.1.1 折线图及其参数配置

折线图是用直线段将各个数据点连接起来而组成的图形，以折线方式显示数据的变化趋势。折线图可以显示随时间（根据常用比例设置）而变化的连续数据，因此非常适合显示相等时间间隔的数据趋势。在折线图中，类别数据沿水平轴均匀分布，值数据沿垂直轴均匀分布。例如，为了显示不同订单日期的销售额走势，可以创建不同订单日期的销售额折线图。

Pyecharts 折线图的参数配置如表 10-1 所示。

表 10-1 折线图参数配置

属　　性	说　　明
series_name	系列名称，用于 tooltip 的显示，legend 的图例筛选
y_axis	系列数据
is_selected	是否选中图例
is_connect_nones	是否连接空数据，空数据使用'None'填充
xaxis_index	使用的 x 轴的 index，在单个图表实例中存在多个 x 轴的时候有用
yaxis_index	使用的 y 轴的 index，在单个图表实例中存在多个 y 轴的时候有用

（续表）

属　性	说　明
color	系列 label 的颜色
is_symbol_show	是否显示 symbol，如果为 false，就只有在 tooltip hover 的时候显示
symbol	标记的图形。ECharts 提供的标记类型包括 'circle'、'rect'、'roundRect'、'triangle'、'diamond'、'pin'、'arrow'、'none'可以通过'image://url'设置为图片，其中 URL 为图片的链接，或者 dataURI
symbol_size	标记的大小，可以设置成诸如 10 这样单一的数字，也可以用数组分开表示宽和高，例如[20, 10]表示标记宽为 20、高为 10
stack	数据堆叠，同个类目轴上系列配置相同的 stack 值可以堆叠放置
is_smooth	是否平滑曲线
is_step	是否显示成阶梯图
markpoint_opts	标记点配置项
markline_opts	标记线配置项
tooltip_opts	提示框组件配置项
label_opts	标签配置项
linestyle_opts	线样式配置项
areastyle_opts	填充区域配置项
itemstyle_opts	图元样式配置项

10.1.2　实例：各门店销售业绩比较分析

为了比较某企业各门店销售业绩，绘制了各门店的销售额和利润额的折线图，Python 代码如下：

```
# -*- coding: utf-8 -*-

#声明 Notebook 类型，必须在引入 pyecharts.charts 等模块前声明
from pyecharts.globals import CurrentConfig, NotebookType
CurrentConfig.NOTEBOOK_TYPE = NotebookType.JUPYTER_LAB

from pyecharts import options as opts
from pyecharts.charts import Line, Page
from impala.dbapi import connect

#连接 Hadoop 数据库
v1 = []
v2 = []
```

```
    v3 = []
    conn = connect(host='192.168.1.7', port=10000,
database='sales',auth_mechanism='NOSASL',user='root')
    cursor = conn.cursor()

    #读取 Hadoop 表数据
    sql_num = "SELECT
store_name,ROUND(SUM(sales/10000),2),ROUND(SUM(profit/10000),2) FROM orders
WHERE dt=2019 GROUP BY store_name"
    cursor.execute(sql_num)
    sh = cursor.fetchall()
    for s in sh:
        v1.append(s[0])
        v2.append(s[1])
        v3.append(s[2])

    #画折线图
    def line_toolbox() -> Line:
        c = (
            Line()
            .add_xaxis(v1)
            .add_yaxis("销售额", v2, is_smooth=True)
            .add_yaxis("利润额", v3, is_smooth=True,is_selected=True)   #is_smooth
默认是 False，即折线；is_selected 默认是 False，即不选中
            .set_global_opts(
                title_opts=opts.TitleOpts(title="门店销售额利润额的比较分析",
subtitle="2019 年企业经营状况分析"),
                toolbox_opts=opts.ToolboxOpts(),
                legend_opts=opts.LegendOpts(is_show=True)
            )
        )
        return c

    #第一次渲染时调用 load_javasrcript 文件
    line_toolbox().load_javascript()
    #展示数据可视化图表
    line_toolbox().render_notebook()
```

在 Jupyter Lab 中运行上述代码，生成如图 10-1 所示的折线图。

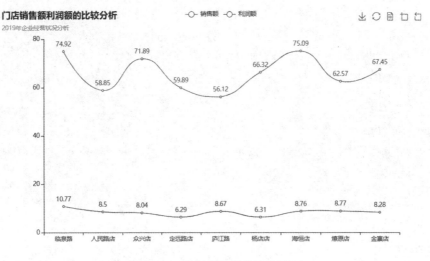

图 10-1 各门店销售业绩分析

10.2 条形图的绘制

10.2.1 条形图及其参数配置

条形图是一种把连续数据画成数据条的表现形式，通过比较不同组的条形长度，从而对比不同组的数据量大小。描绘条形图的要素有 3 个：组数、组宽度、组限。绘制条形图时，不同组之间是有空隙的。条形图用来比较两个或以上的价值（不同时间或者不同条件），只有一个变量，通常用于较小的数据集分析。条形图亦可横向排列，或用多维方式表达。

条形图可分为垂直条和水平条。使用条形图可在各类别之间比较数据，例如客户的性别、受教育程度、购买方式等。绘制条形图时，长条柱或柱组中线需对齐项目刻度。相比之下，折线图则是将数据代表点对齐项目刻度。在数字大且接近时，两者皆可使用波浪形省略符号，以扩大表现数据间的差距，增强理解和清晰度。

Pyecharts 条形图的参数配置如表 10-2 所示。

表 10-2 条形图参数配置

属 性	说 明
series_name	系列名称，用于 tooltip 的显示，legend 的图例筛选
yaxis_data	系列数据
is_selected	是否选中图例
xaxis_index	使用的 x 轴的 index，在单个图表实例中存在多个 x 轴的时候有用
yaxis_index	使用的 y 轴的 index，在单个图表实例中存在多个 y 轴的时候有用
color	系列 label 颜色

（续表）

属　性	说　明
stack	数据堆叠，同个类目轴上系列配置相同的 stack 值可以堆叠放置
category_gap	同一系列的柱间距离，默认为间距的 20%，表示柱子宽度的 20%
gap	如果想要两个系列的柱子重叠，那么可以设置 gap 为'-100%'
label_opts	标签配置项
markpoint_opts	标记点配置项
markline_opts	标记线配置项
tooltip_opts	提示框组件配置项
itemstyle_opts	图元样式配置项

add_yaxis 函数的配置样例如下：

```
def add_yaxis(
    series_name: str,
    yaxis_data: Sequence[Numeric, opts.BarItem, dict],
    is_selected: bool = True,
    xaxis_index: Optional[Numeric] = None,
    yaxis_index: Optional[Numeric] = None,
    color: Optional[str] = None,
    stack: Optional[str] = None,
    category_gap: Union[Numeric, str] = "20%",
    gap: Optional[str] = None,
    label_opts: Union[opts.LabelOpts, dict] = opts.LabelOpts(),
    markpoint_opts: Union[opts.MarkPointOpts, dict, None] = None,
    markline_opts: Union[opts.MarkLineOpts, dict, None] = None,
    tooltip_opts: Union[opts.TooltipOpts, dict, None] = None,
    itemstyle_opts: Union[opts.ItemStyleOpts, dict, None] = None,
)
```

条形图的数据项在 BarItem 类中进行设置，具体如表 10-3 所示。

表 10-3　BarItem 类参数

属　性	说　明
name	数据项名称
value	单个数据项的数值
label_opts	单个柱条文本的样式设置
itemstyle_opts	图元样式配置项
tooltip_opts	提示框组件配置项

BarItem 类样例如下：

```
class BarItem(
    name: Optional[str] = None,
    value: Optional[Numeric] = None,
    label_opts: Union[LabelOpts, dict, None] = None,
    itemstyle_opts: Union[ItemStyleOpts, dict, None] = None,
    tooltip_opts: Union[TooltipOpts, dict, None] = None,
)
```

在 Pyecharts 中有比较规范的条形图参数配置，绘制条形图时，只需要按照模板进行调用即可，基本函数形式如下：

```
def bar_base() -> Bar:
    c = (
        Bar()
        .add_xaxis(Faker.choose())
        .add_yaxis("门店 A", Faker.values())
        .add_yaxis("门店 B", Faker.values())
        .set_global_opts(title_opts=opts.TitleOpts(title="销售额统计",
subtitle="2018 年"))
    )
    return c
```

条形图可以默认取消显示某 Series，例如取消显示门店 B，将 add_yaxis 修改为 add_yaxis("门店 B", Faker.values(), is_selected=False)。

如果要显示工具项 ToolBox 和图例项 legend，那么可以在 set_global_opts 中添加 toolbox_opts=opts.ToolboxOpts(),legend_opts=opts.LegendOpts(is_show=False)。

10.2.2　实例：各省市商品订单数量分析

为了分析某企业在各省市的商品订单数量，绘制了各个省市商品订单量的条形图，Python 代码如下：

```
# -*- coding: utf-8 -*-

#声明 Notebook 类型，必须在引入 pyecharts.charts 等模块前声明
from pyecharts.globals import CurrentConfig, NotebookType
CurrentConfig.NOTEBOOK_TYPE = NotebookType.JUPYTER_LAB

from pyecharts import options as opts
from pyecharts.charts import Bar, Page
from impala.dbapi import connect

#提取 Hadoop 集群数据
```

```
    v1 = []
    v2 = []
    conn = connect(host='192.168.1.7', port=10000,
database='sales',auth_mechanism='NOSASL', user='root')
    cur = conn.cursor()
    sql_num = "select province,count(cust_id) from orders group by province"
    cur.execute(sql_num)
    sh = cur.fetchall()
    for s in sh:
        v2.append(s[1])
        v1.append(s[0])


#条形图参数配置
def bar_base() -> Bar:
    c = (
        Bar()
        .add_xaxis(v1,)
        .add_yaxis("客户订单量", v2)
        .set_global_opts(title_opts=opts.TitleOpts(title="2019 年客户订单量区域
分布"),
                        toolbox_opts=opts.ToolboxOpts(),
                        legend_opts=opts.LegendOpts(is_show=True))
    )
    return c


#第一次渲染时调用 load_javasrcript 文件
bar_base().load_javascript()
#展示数据可视化图表
bar_base().render_notebook()
```

在 Jupyter Lab 中运行上述代码，生成如图 10-2 所示的客户数量在各个省市的条形图。

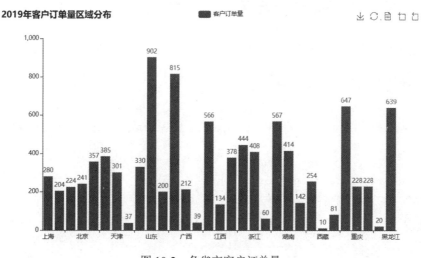

图 10-2　各省市客户订单量

10.3　箱形图的绘制

10.3.1　箱形图及其参数配置

箱形图又称箱线图，是一种用作显示一组数据分散情况资料的统计图，因形状如箱子而得名。箱形图在各种领域经常被使用，常见于品质管理。

箱形图主要用于反映原始数据分布的特征，还可以进行多组数据分布特征的比较。箱形图的绘制方法是：先找出一组数据的上边缘、下边缘、中位数和两个四分位数；然后连接两个四分位数画出箱体；再将上边缘和下边缘与箱体相连接，中位数在箱体中间。

Pyecharts 箱形图的参数配置如表 10-4 所示。

表 10-4　箱形图参数配置

属　性	说　明
series_name	系列名称，用于 tooltip 的显示，legend 的图例筛选
y_axis	系列数据
is_selected	是否选中图例
xaxis_index	使用的 x 轴的 index，在单个图表实例中存在多个 x 轴的时候有用
yaxis_index	使用的 y 轴的 index，在单个图表实例中存在多个 y 轴的时候有用
label_opts	标签配置项
markpoint_opts	标记点配置项
markline_opts	标记线配置项
tooltip_opts	提示框组件配置项
itemstyle_opts	图元样式配置项

10.3.2　实例：不同类型商品的收益分析

为了分析某企业不同类型商品的收益情况，绘制了不同商品的箱形图，Python 代码如下：

```
# -*- coding: utf-8 -*-

#声明 Notebook 类型，必须在引入 pyecharts.charts 等模块前声明
from pyecharts.globals import CurrentConfig, NotebookType
CurrentConfig.NOTEBOOK_TYPE = NotebookType.JUPYTER_LAB

from pyecharts import options as opts
from pyecharts.charts import Boxplot, Page
from impala.dbapi import connect

#提取 Hadoop 集群数据
v1 = []
```

```
    v2 = []
    v3 = []
    conn = connect(host='192.168.1.7', port=10000,
database='sales',auth_mechanism='NOSASL',user='root')
    cur = conn.cursor()
    sql_num = "SELECT
subcategory,ROUND(SUM(sales/10000),2),ROUND(SUM(profit/10000),2) FROM orders
WHERE dt=2019 GROUP BY subcategory"
    cur.execute(sql_num)
    sh = cur.fetchall()
    for s in sh:
        v1.append(s[0])
        v2.append(s[1])
        v3.append(s[2])


def boxpolt_base() -> Boxplot:
    c = Boxplot()
    c.add_xaxis(["2019年业绩"]) \
     .add_yaxis("销售额", c.prepare_data([v2])) \
     .add_yaxis("利润额", c.prepare_data([v3])) \
     .set_global_opts(title_opts=opts.TitleOpts(title="不同类型商品销售收益分布
分析", subtitle="2019年企业经营现状"),toolbox_opts=opts.ToolboxOpts())
    return c

#第一次渲染时调用 load_javasrcript 文件
boxpolt_base().load_javascript()
#展示数据可视化图表
boxpolt_base().render_notebook()
```

在 Jupyter Lab 中运行上述代码，生成如图 10-3 所示的箱形图。

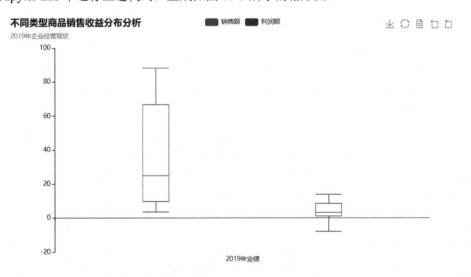

图 10-3　不同类型商品业绩分析

10.4　涟漪散点图的绘制

10.4.1　涟漪散点图及其参数配置

涟漪散点图是一类特殊的散点图，只是散点图中带有涟漪特效，利用特效可以突出显示某些想要的数据。

Pyecharts 涟漪散点图的参数配置如表 10-5 所示。

表 10-5　涟漪散点图参数配置

属　性	说　明
series_name	系列名称，用于 tooltip 的显示，legend 的图例筛选
y_axis	系列数据
is_selected	是否选中图例
xaxis_index	使用的 x 轴的 index，在单个图表实例中存在多个 x 轴的时候有用
yaxis_index	使用的 y 轴的 index，在单个图表实例中存在多个 y 轴的时候有用
color	系列 label 颜色
symbol	标记的图形。ECharts 提供的标记类型包括'circle'、'rect'、'roundRect'、'triangle'、'diamond'、'pin'、'arrow'、'none'可以通过'image://url'设置为图片，其中 URL 为图片的链接，或者 dataURI
symbol_size	标记的大小，可以设置成诸如 10 这样单一的数字，也可以用数组分开表示宽和高，例如[20,10]表示标记宽为 20、高为 10
label_opts	标签配置项
markpoint_opts	标记点配置项
markline_opts	标记线配置项
tooltip_opts	提示框组件配置项
itemstyle_opts	图元样式配置项

涟漪特效散点图参数配置如图 10-6 所示。

表 10-6　涟漪特效散点图

属　性	说　明
series_name	系列名称，用于 tooltip 的显示，legend 的图例筛选
y_axis	系列数据
is_selected	是否选中图例
xaxis_index	使用的 x 轴的 index，在单个图表实例中存在多个 x 轴的时候有用
yaxis_index	使用的 y 轴的 index，在单个图表实例中存在多个 y 轴的时候有用

（续表）

属　性	说　明
color	系列 label 颜色
symbol	标记图形形状
symbol_size	标记的大小
label_opts	标签配置项
effect_opts	涟漪特效配置项
tooltip_opts	提示框组件配置项
itemstyle_opts	图元样式配置项

10.4.2　实例：不同收入等级客户价值分析

为了分析某企业不同收入等级客户的价值，绘制了不同等级客户的涟漪散点图，Python 代码如下：

```
# -*- coding: utf-8 -*-

#声明 Notebook 类型，必须在引入 pyecharts.charts 等模块前声明
from pyecharts.globals import CurrentConfig, NotebookType
CurrentConfig.NOTEBOOK_TYPE = NotebookType.JUPYTER_LAB

from pyecharts import options as opts
from pyecharts.charts import EffectScatter, Page
from pyecharts.globals import SymbolType
from impala.dbapi import connect

#提取 Hadoop 集群数据
v1 = []
v2 = []
conn = connect(host='192.168.1.7', port=10000,
database='sales',auth_mechanism='NOSASL',user='root')
cur = conn.cursor()
sql_num = "SELECT income,ROUND(SUM(sales/10000),2) FROM customers,orders WHERE
customers.cust_id=orders.cust_id and dt=2019 GROUP BY income"
cur.execute(sql_num)
sh = cur.fetchall()
for s in sh:
    v1.append(s[0])
    v2.append(s[1])
```

```
def effectscatter_splitline() -> EffectScatter:
    c = (
        EffectScatter()
        .add_xaxis(v1)
        .add_yaxis("", v2, symbol=SymbolType.ARROW)
        .set_global_opts(
            title_opts=opts.TitleOpts(title="不同收入等级客户的价值分析",
subtitle="2019年企业经营现状"),

xaxis_opts=opts.AxisOpts(splitline_opts=opts.SplitLineOpts(is_show=True)),

yaxis_opts=opts.AxisOpts(splitline_opts=opts.SplitLineOpts(is_show=True)),
            toolbox_opts=opts.ToolboxOpts(),
            legend_opts=opts.LegendOpts(is_show=True)
        )
    )
    return c

#第一次渲染时候调用 load_javasrcript 文件
effectscatter_splitline().load_javascript()
#展示数据可视化图表
effectscatter_splitline().render_notebook()
```

在 Jupyter Lab 中运行上述代码，生成如图 10-4 所示的涟漪散点图。

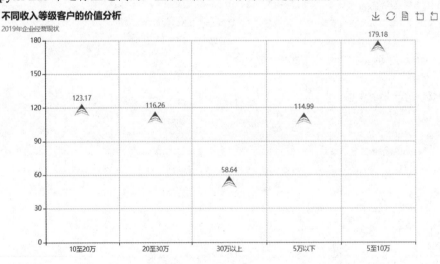

图 10-4　客户价值分析

10.5　K 线图的绘制

10.5.1　K 线图及其参数配置

　　K 线图又称蜡烛图，股市及期货市场中的 K 线图的画法包含 4 个数据，即开盘价、最高价、最低价、收盘价，所有的 k 线都是围绕这 4 个指标展开的，反映股票的状况。如果把每日的 K 线图放在一张纸上，就能得到日 K 线图，同样也可画出周 K 线图、月 K 线图。

　　Pyecharts 的 K 线图参数配置如表 10-7 所示。

表 10-7　K 线图参数配置

属　性	说　明
series_name	系列名称，用于 tooltip 的显示，legend 的图例筛选
y_axis	系列数据
is_selected	是否选中图例
xaxis_index	使用的 x 轴的 index，在单个图表实例中存在多个 x 轴的时候有用
yaxis_index	使用的 y 轴的 index，在单个图表实例中存在多个 y 轴的时候有用
markline_opts	标记线配置项
markpoint_opts	标记点配置项
tooltip_opts	提示框组件配置项
itemstyle_opts	图元样式配置项

10.5.2　实例：企业股票价格趋势分析

　　为了分析某企业股票价格的区域，绘制了股票价格的 K 线图，具体过程如下：

　　（1）导入 options、Kline、Page、connect 等包。

　　（2）连接 Hadoop 集群，抽取股价表 stocks 数据。

　　（3）配置 K 线图的相关参数以及全局配置项。

　　（4）展示股票价格趋势。

　　实现上述步骤的 Python 代码如下：

```
# -*- coding: utf-8 -*-

#声明 Notebook 类型，必须在引入 pyecharts.charts 等模块前声明
from pyecharts.globals import CurrentConfig, NotebookType
CurrentConfig.NOTEBOOK_TYPE = NotebookType.JUPYTER_LAB

from pyecharts import options as opts
from pyecharts.charts import Kline, Page
```

```
from impala.dbapi import connect

#连接 Hadoop 数据库
v1 = []
v2 = []
conn = connect(host='192.168.1.7', port=10000,
database='sales',auth_mechanism='NOSASL',user='root')
cursor = conn.cursor()

#读取 Hadoop 股价表数据
sql_num = "SELECT trade_date,open,high,low,close FROM stocks where
year(trade_date)=2019 ORDER BY trade_date asc"
cursor.execute(sql_num)
sh = cursor.fetchall()
for s in sh:
    v1.append([s[0]])
for s in sh:
    v2.append([s[1],s[2],s[3],s[4]])
data = v2

def kline_markline() -> Kline:
    c = (
        Kline()
        .add_xaxis(v1)
        .add_yaxis(
            "企业股票价格走势",
            data,
            markline_opts=opts.MarkLineOpts(
                data=[opts.MarkLineItem(type_="max", value_dim="close")]
            ),
        )
        .set_global_opts(
            xaxis_opts=opts.AxisOpts(is_scale=True),
            yaxis_opts=opts.AxisOpts(
                is_scale=True,
                splitarea_opts=opts.SplitAreaOpts(
                    is_show=True, areastyle_opts=opts.AreaStyleOpts(opacity=1)
                ),
            ),
            datazoom_opts=[opts.DataZoomOpts(pos_bottom="-2%")],
            title_opts=opts.TitleOpts(title="企业股票价格趋势分析",
subtitle="2019 年股价走势"),
            toolbox_opts=opts.ToolboxOpts(),
            legend_opts=opts.LegendOpts(is_show=True)
        )
    )
    return c

#第一次渲染时调用 load_javasrcript 文件
kline_markline().load_javascript()
#展示数据可视化图表
kline_markline().render_notebook()
```

在 Jupyter Lab 中运行上述代码，生成的 K 线图如图 10-5 所示。

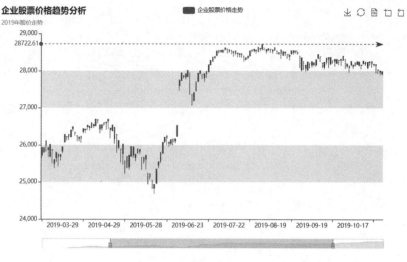

图 10-5　股票价格走势

10.6　双坐标轴图的绘制

10.6.1　双坐标轴图及其参数配置

双坐标轴图是一种组合图表，一般将两种不同类型的图表组合在同一个"画布"上，如柱状图和折线图的组合；当然也可以将类型相同而数据单位不同的图表组合在一起。双坐标轴图中最难画的应该是"柱状图"与"柱状图"的组合，因为会遇到同一刻度对应"柱子"与"柱子"完全互相重叠的问题。

10.6.2　实例：区域销售业绩及数量分析

为了分析某企业在不同区域的销售业绩及数量，绘制了双坐标图，Python 代码如下：

```
#声明 Notebook 类型，必须在引入 pyecharts.charts 等模块前声明
from pyecharts.globals import CurrentConfig, NotebookType
CurrentConfig.NOTEBOOK_TYPE = NotebookType.JUPYTER_LAB


from pyecharts import options as opts
from pyecharts.charts import Scatter,Bar,Line
from impala.dbapi import connect

#连接 Hadoop 数据库
v1 = []
v2 = []
v3 = []
```

```python
    v4 = []
    conn = connect(host='192.168.1.7', port=10000,
database='sales',auth_mechanism='NOSASL',user='root')
    cursor = conn.cursor()

    #读取 Hadoop 表数据
    sql_num = "SELECT
region,ROUND(SUM(sales)/10000,2),ROUND(SUM(profit)/10000,2),ROUND(SUM(amount),
2) FROM customers,orders WHERE customers.cust_id=orders.cust_id and dt=2019 GROUP
BY region"
    cursor.execute(sql_num)
    sh = cursor.fetchall()
    for s in sh:
        v1.append(s[0])
        v2.append(s[1])
        v3.append(s[2])
        v4.append(s[3])

    #柱形图与折线图组合
    def overlap_bar_line() -> Bar:
        bar = (
            Bar()
            .add_xaxis(v1)
            .add_yaxis("销售额", v2)
            .add_yaxis("利润额", v3)
            .extend_axis(
                yaxis=opts.AxisOpts(
                    axislabel_opts=opts.LabelOpts(formatter="{value} 件"),
interval=500
                )
            )
            .set_series_opts(label_opts=opts.LabelOpts(is_show=False))
            .set_global_opts(
                title_opts=opts.TitleOpts(title="区域销售业绩比较分析",
subtitle="2019 年企业经营状况分析"),
                toolbox_opts=opts.ToolboxOpts(),
                yaxis_opts=opts.AxisOpts(
                    axislabel_opts=opts.LabelOpts(formatter="{value} 万元"),
interval=20
                ),
            )
        )
```

```
    line = Line().add_xaxis(v1).add_yaxis("销售数量", v4, yaxis_index=1)
    bar.overlap(line)
    return bar


#第一次渲染时调用 load_javasrcript 文件
overlap_bar_line().load_javascript()
#展示数据可视化图表
overlap_bar_line().render_notebook()
```

在 Jupyter Lab 中运行上述代码，生成如图 10-6 所示的双坐标轴图。

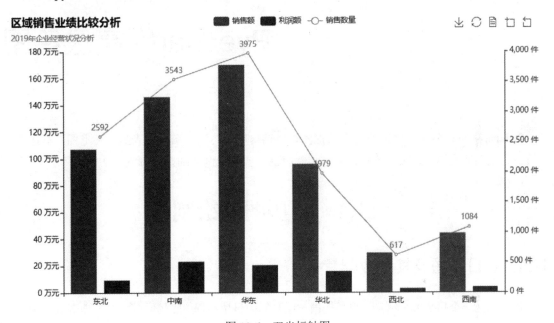

图 10-6　双坐标轴图

第11章

Pyecharts 高级绘图

Pyecharts 可以生成一些比较复杂的视图，包括日历图、漏斗图、仪表盘、环形图、雷达图、旭日图、主题河流图、词云、玫瑰图等。本章将通过实际案例详细介绍每种视图的具体步骤。

11.1　日历图的绘制

11.1.1　日历图及其参数配置

日历图是一个日历数据视图，用于提供一段时间的日历布局，使我们可以更好地查看所选日期每一天的数据。

Pyecharts 日历图的参数配置如表 11-1 所示。

表 11-1　日历图参数配置

属　　性	说　　明
series_name	系列名称，用于 tooltip 的显示，legend 的图例筛选
yaxis_data	系列数据，格式为 [(date1, value1), (date2, value2), ...]
is_selected	是否选中图例
label_opts	标签配置项
calendar_opts	日历坐标系组件配置项
tooltip_opts	提示框组件配置项
itemstyle_opts	图元样式配置项

日历图坐标系组件的配置项如表 11-2 所示。

表 11-2　日历图坐标系组件配置项

属　性	说　明
pos_left	calendar 组件离容器左侧的距离。left 的值可以是像 20 这样的具体像素值,可以是像'20%'这样相对于容器高宽的百分比,也可以是'left'、'center'、'right'。如果 left 的值为'left'、'center'、'right',组件就会根据相应的位置自动对齐
pos_top	calendar 组件离容器上侧的距离。top 的值可以是像 20 这样的具体像素值,可以是像'20%'这样相对于容器高宽的百分比,也可以是'top'、'middle'、'bottom'。如果 top 的值为'top'、'middle'、'bottom',组件就会根据相应的位置自动对齐
pos_right	calendar 组件离容器右侧的距离。right 的值可以是像 20 这样的具体像素值,也可以是像'20%'这样相对于容器高宽的百分比。默认自适应
pos_bottom	calendar 组件离容器下侧的距离。bottom 的值可以是像 20 这样的具体像素值,也可以是像'20%'这样相对于容器高宽的百分比。默认自适应
orient	日历坐标的布局朝向。可选:'horizontal'、'vertical'
range_	必填,日历坐标的范围支持多种格式,使用示例:某一年 range:2017,某个月 range:'2017-02',某个区间 range:['2017-01-02','2017-02-23']
daylabel_opts	星期轴的样式
monthlabel_opts	月份轴的样式
yearlabel_opts	年份的样式

11.1.2　实例：企业股票每日交易量分析

为了分析某企业股票的成交量,绘制了股票每日交易量的日历图,Python 代码如下:

```python
# -*- coding: utf-8 -*-

#声明 Notebook 类型,必须在引入 pyecharts.charts 等模块前声明
from pyecharts.globals import CurrentConfig, NotebookType
CurrentConfig.NOTEBOOK_TYPE = NotebookType.JUPYTER_LAB

from pyecharts import options as opts
from pyecharts.charts import Calendar, Page
from impala.dbapi import connect

#连接 Hadoop 数据库
conn = connect(host='192.168.1.7', port=10000,
database='sales',auth_mechanism='NOSASL',user='root')
cursor = conn.cursor()

#读取 Hadoop 表数据
sql_num = "SELECT trade_date,volume FROM stocks WHERE year(trade_date)=2018"
```

```
cursor.execute(sql_num)
sh = cursor.fetchall()
v1 = []
for s in sh:
    v1.append([s[0],s[1]])
data = v1

#画日历图
def calendar_base() -> Calendar:

    c = (
        Calendar()
        .add("", data, calendar_opts=opts.CalendarOpts(range_="2018"))
        .set_global_opts(
            title_opts=opts.TitleOpts(title="2018年股票交易量分析"),
            visualmap_opts=opts.VisualMapOpts(
                max_=1000000000,
                min_=40000000,
                orient="horizontal",    #vertical表示垂直的，horizontal表示水平的
                is_piecewise=True,
                pos_top="200px",
                pos_left="10px"
            ),
            toolbox_opts=opts.ToolboxOpts(),
            legend_opts=opts.LegendOpts(is_show=True)
        )
    )
    return c

#第一次渲染时调用load_javasrcript文件
calendar_base().load_javascript()
#展示数据可视化图表
calendar_base().render_notebook()
```

在 Jupyter Lab 中运行上述代码，生成如图 11-1 所示的日历图。

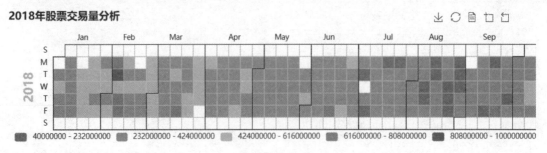

图 11-1　日历图

11.2　漏斗图的绘制

11.2.1　漏斗图及其参数配置

漏斗图又叫倒三角图,适用于业务流程比较规范、周期长、环节多的流程分析,通过漏斗各环节业务数据的比较,能够直观地发现和说明问题所在,还可以应用于对数据从某个维度上进行比较。

Pyecharts 漏斗图的参数配置如表 11-3 所示。

表 11-3　漏斗图参数配置

属　性	说　明
series_name	系列名称,用于 tooltip 的显示,legend 的图例筛选
data_pair	系列数据项,格式为 [(key1, value1), (key2, value2)]
is_selected	是否选中图例
color	系列 label 颜色
sort_	数据排序,可以取 'ascending'、'descending'、'none'(表示按 data 顺序)
gap	数据图形间距
label_opts	标签配置项
tooltip_opts	提示框组件配置项
itemstyle_opts	图元样式配置项

11.2.2　实例:华东地区各省市利润额分析

为了分析某企业的商品在华东地区各省市的利润额情况,绘制了利润额的漏斗图,Python 代码如下:

```
#声明 Notebook 类型, 必须在引入 pyecharts.charts 等模块前声明
from pyecharts.globals import CurrentConfig, NotebookType
CurrentConfig.NOTEBOOK_TYPE = NotebookType.JUPYTER_LAB

from pyecharts import options as opts
from pyecharts.charts import Funnel, Page
from impala.dbapi import connect

#连接 Hadoop 数据库
v1 = []
v2 = []
conn = connect(host='192.168.1.7', port=10000, database='sales',auth_mechanism=
'NOSASL',user='root')
cursor = conn.cursor()
```

```
#读取 Hadoop 数据
sql_num = "SELECT province,ROUND(SUM(profit),2) FROM orders WHERE dt=2019 and region='
华东' GROUP BY province"
cursor.execute(sql_num)
sh = cursor.fetchall()
for s in sh:
    v1.append(s[0])
    v2.append(s[1])

#画漏斗图
def funnel_label() -> Funnel:
    c = (
        Funnel()
        .add("利润额",
            [list(z) for z in zip(v1, v2)],
            sort_="descending",              #默认是 sort_="descending", 即从大到小, 也可以
设置为 ascending, 即反向漏斗
            label_opts=opts.LabelOpts(position="inside"),
        )
        .set_global_opts(title_opts=opts.TitleOpts(title=" 区 域 利 润 额 比 较 分 析 ",
subtitle="2019 年企业经营状况"),
                        toolbox_opts=opts.ToolboxOpts(),
                        legend_opts=opts.LegendOpts(is_show=True)
                        )
    )
    return c

#第一次渲染时调用 load_javasrcript 文件
funnel_label().load_javascript()
#展示数据可视化图表
funnel_label().render_notebook()
```

在 Jupyter Lab 中运行上述代码, 生成如图 11-2 所示的漏斗图。

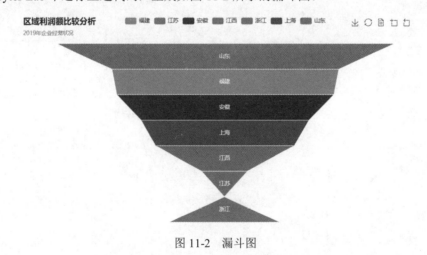

图 11-2　漏斗图

11.3　仪表盘的绘制

11.3.1　仪表盘及其参数配置

仪表盘也被称为拨号图表或速度表图，其显示类似于拨号/速度计上读数的数据，是一种拟物化的展示形式。仪表盘的颜色可以用来划分指示值的类别，使用刻度标示数据，指针指示维度，指针角度表示数值。

仪表盘只需分配最小值和最大值，并定义一个颜色范围，指针（指数）将显示出关键指标的数据或当前进度。仪表盘可用于速度、体积、温度、进度、完成率、满意度等。

Pyecharts 仪表盘的参数配置如表 11-4 所示。

表 11-4　仪表盘参数配置

属　性	说　明
series_name	系列名称，用于 tooltip 的显示，legend 的图例筛选
data_pair	系列数据项，格式为 [(key1, value1), (key2, value2)]
is_selected	是否选中图例
min_	最小的数据值
max_	最大的数据值
split_number	仪表盘平均分割段数
start_angle	仪表盘起始角度。圆心正右手侧为 0 度，正上方为 90 度，正左手侧为 180 度
end_angle	仪表盘结束角度
label_opts	标签配置项
tooltip_opts	提示框组件配置项
itemstyle_opts	图元样式配置项

11.3.2　实例：企业 2019 年销售业绩完成率

为了分析某企业在 2019 年的销售业绩完成情况，绘制了销售额的仪表盘，Python 代码如下：

```
# -*- coding: utf-8 -*-

#声明 Notebook 类型，必须在引入 pyecharts.charts 等模块前声明
from pyecharts.globals import CurrentConfig, NotebookType
CurrentConfig.NOTEBOOK_TYPE = NotebookType.JUPYTER_LAB

from pyecharts import options as opts
from pyecharts.charts import Gauge, Page
```

```
def gauge_color() -> Gauge:
    c = (
        Gauge()
        .add("2019年公司销售指标完成率",
            [("完成率", 95.5)],
            axisline_opts=opts.AxisLineOpts(
                linestyle_opts=opts.LineStyleOpts(
                    color=[(0.3, "#67e0e3"), (0.7, "#37a2da"), (1, "#fd666d")],
width=30
                )
            ),
        )
        .set_global_opts(
            title_opts=opts.TitleOpts(title="公司销售指标分析", subtitle="2019年
企业经营状况"),
            toolbox_opts=opts.ToolboxOpts(),
            legend_opts=opts.LegendOpts(is_show=True),
        )
    )
    return c

#第一次渲染时调用 load_javasrcript 文件
gauge_color().load_javascript()
#展示数据可视化图表
gauge_color().render_notebook()
```

在 Jupyter Lab 中运行上述代码，生成如图 11-3 所示的仪表盘。

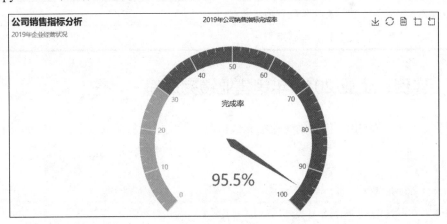

图 11-3 仪表盘

11.4　环形图的绘制

11.4.1　环形图及其参数配置

环形图是由两个及两个以上大小不一的饼图叠在一起的，挖去中间的部分所构成的图形。环形图与饼图类似，但是又有区别。环形图中间有一个"空洞"，每个样本用一个环来表示，样本中的每一部分数据用环中的一段表示。因此，环形图可显示多个样本各部分所占的相应比例，从而有利于构成的比较研究。

Pyecharts 环形图的参数配置如表 11-5 所示。

表 11-5　环形图参数配置

属　性	说　明
series_name	系列名称，用于 tooltip 的显示，legend 的图例筛选
data_pair	系列数据项，格式为 [(key1, value1), (key2, value2)]
color	系列 label 颜色
radius	饼图的半径，数组的第一项是内半径，第二项是外半径，默认设置成百分比，相对于容器高宽中较小的一项的一半
center	饼图的中心（圆心）坐标，数组的第一项是横坐标，第二项是纵坐标，默认设置成百分比。设置成百分比时，第一项是相对于容器宽度的，第二项是相对于容器高度的
rosetype	是否展示成南丁格尔图，通过半径区分数据大小，有'radius'和'area'两种模式。radius：扇区圆心角展现数据的百分比，半径展现数据的大小；area：所有扇区圆心角相同，仅通过半径展现数据大小
is_clockwise	饼图的扇区是否是顺时针排布的
label_opts	标签配置项
tooltip_opts	提示框组件配置项
itemstyle_opts	图元样式配置项

11.4.2　实例：不同教育群体的购买力分析

为了分析某企业客户群中不同教育群体的购买力情况，绘制了销售额的环形图，Python 代码如下：

```
# -*- coding: utf-8 -*-

#声明 Notebook 类型，必须在引入 pyecharts.charts 等模块前声明
from pyecharts.globals import CurrentConfig, NotebookType
CurrentConfig.NOTEBOOK_TYPE = NotebookType.JUPYTER_LAB

from pyecharts import options as opts
```

```
from pyecharts.charts import Page, Pie
from impala.dbapi import connect

#连接 Hadoop 数据库
v1 = []
v2 = []
conn = connect(host='192.168.1.7', port=10000,
database='sales',auth_mechanism='NOSASL',user='root')
cursor = conn.cursor()

#读取 Hadoop 表数据
sql_num = "SELECT education,ROUND(SUM(sales/10000),2) FROM customers,orders
WHERE customers.cust_id=orders.cust_id and dt=2019 GROUP BY education"
cursor.execute(sql_num)
sh = cursor.fetchall()
for s in sh:
    v1.append(s[0])
    v2.append(s[1])

#画环形图
def pie_radius() -> Pie:
    c = (
        Pie()
        .add("",[list(z) for z in zip(v1, v2)],radius=["40%", "75%"],)
        .set_colors(["blue", "green", "purple", "red", "silver"])    #设置颜色
        .set_global_opts(
            title_opts=opts.TitleOpts(title="2019 年不同教育群体的购买力分析",
subtitle="2019 年销售经营状况分析"),
            toolbox_opts=opts.ToolboxOpts(),
            legend_opts=opts.LegendOpts(orient="vertical", pos_top="35%",
pos_left="2%"
            ),
        )
        .set_series_opts(label_opts=opts.LabelOpts(formatter="{b}: {c}"))
    )
    return c

#第一次渲染时调用 load_javasrcript 文件
pie_radius().load_javascript()
#展示数据可视化图表
pie_radius().render_notebook()
```

在 Jupyter Lab 中运行上述代码，生成如图 11-4 所示的环形图。

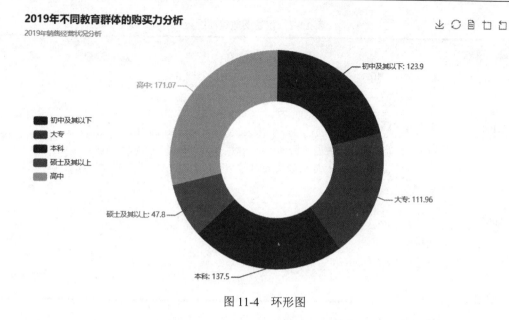

图 11-4　环形图

11.5　雷达图的绘制

11.5.1　雷达图及其参数配置

雷达图又叫作蜘蛛网图,适用于显示 3 个或更多维度的变量。雷达图是以在同一点开始的轴上显示的 3 个或更多个变量的二维图表的形式来显示多元数据的,其中轴的相对位置和角度通常是无意义的。

雷达图的每个变量都有一个从中心向外发射的轴线,所有的轴之间的夹角相等,同时每个轴有相同的刻度,将轴到轴的刻度用网格线链接作为辅助元素,将每个变量在其各自的轴线的数据点连接成一条多边形。

Pyecharts 雷达图的参数配置如表 11-6 所示。

表 11-6　雷达图参数配置

属　性	说　明
schema	雷达指示器配置项列表
shape	雷达图绘制类型,可选 'polygon' 和 'circle'
textstyle_opts	文字样式配置项
splitline_opt	分割线配置项
splitarea_opt	分隔区域配置项
axisline_opt	坐标轴轴线配置项

雷达图的数据项配置如表 11-7 所示。

表 11-7　雷达图数据项配置

属　性	说　明
series_name	系列名称，用于 tooltip 的显示，legend 的图例筛选
data	系列数据项
is_selected	是否选中图例
symbol	ECharts 提供的标记类型包括 'circle'、'rect'、'roundRect'、'triangle'、'diamond'、'pin'、'arrow'、'none'可以通过 'image://url' 设置为图片，其中 URL 为图片的链接，或者 dataURI
color	系列 label 颜色
label_opts	标签配置项
linestyle_opts	线样式配置项
areastyle_opts	区域填充样式配置项
tooltip_opts	提示框组件配置项

雷达图的指示器配置如表 11-8 所示。

表 11-8　雷达图指示器配置

属　性	说　明
name	指示器名称
min_	指示器的最小值，可选，建议设置
max_	指示器的最大值，可选，默认为 0
color	标签特定的颜色

11.5.2　实例：不同区域销售业绩的比较

为了分析某企业的商品在不同区域的销售业绩情况，绘制了销售额的雷达图，Python 代码如下：

```
# -*- coding: utf-8 -*-

#声明 Notebook 类型，必须在引入 pyecharts.charts 等模块前声明
from pyecharts.globals import CurrentConfig, NotebookType
CurrentConfig.NOTEBOOK_TYPE = NotebookType.JUPYTER_LAB
from pyecharts import options as opts
from pyecharts.charts import Page, Radar
from impala.dbapi import connect

#连接 Hadoop 数据库
v1 = []
v2 = []
v3 = []
```

```
    conn = connect(host='192.168.1.7', port=10000,
database='sales',auth_mechanism='NOSASL',user='root')
    cursor = conn.cursor()

    #读取 Hadoop 表数据
    sql_num = "SELECT region,ROUND(SUM(sales)/10000,2),ROUND(SUM(profit)/10000,2)
FROM orders WHERE dt=2019 GROUP BY region"
    cursor.execute(sql_num)
    sh = cursor.fetchall()
    for s in sh:
        v1.append(s[0])
        v2.append(s[1])
        v3.append(s[2])

    #画雷达图
    def radar_base() -> Radar:
        c = (
            Radar()
            .add_schema(
                schema=[
                    opts.RadarIndicatorItem(name="华东", max_=200),
                    opts.RadarIndicatorItem(name="华南", max_=200),
                    opts.RadarIndicatorItem(name="东北", max_=200),
                    opts.RadarIndicatorItem(name="中南", max_=200),
                    opts.RadarIndicatorItem(name="西南", max_=200),
                    opts.RadarIndicatorItem(name="西北", max_=200),
                ]
            )
            .add("销售额", [v2])
            .add("利润额", [v3])
            .set_global_opts(
                title_opts=opts.TitleOpts(title="区域销售额与利润额的比较分析",
subtitle="2019 年企业经营状况"),
                legend_opts=opts.LegendOpts(selected_mode="single"),
                toolbox_opts=opts.ToolboxOpts()
            )
            .set_series_opts(label_opts=opts.LabelOpts(is_show=False))
        )
        return c

    #第一次渲染时调用 load_javasrcript 文件
    radar_base().load_javascript()
    #展示数据可视化图表
```

```
radar_base().render_notebook()
```

在 Jupyter Lab 中运行上述代码，生成如图 11-5 所示的雷达图。

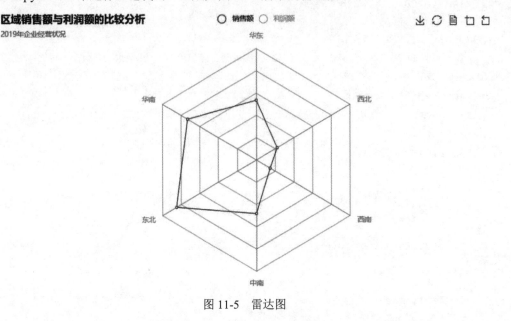

图 11-5　雷达图

11.6　旭日图的绘制

11.6.1　旭日图及其参数配置

旭日图可以展示多级数据，具有独特的外观。旭日图是一种现代饼图，它超越传统的饼图和环形图，能够清晰地表达层级和归属关系，以父子层次结构来显示数据构成情况。

Pyecharts 旭日图的参数配置如表 11-9 所示。

表 11-9　旭日图参数配置

属　性	说　明
series_name	系列名称，用于 tooltip 的显示，legend 的图例筛选
data_pair	数据项
center	旭日图的中心（圆心）坐标，数组的第一项是横坐标，第二项是纵坐标。支持设置成百分比，设置成百分比时，第一项是相对于容器宽度的，第二项是相对于容器高度的
radius	旭日图的半径。可以为如下类型：Sequence.<int|str>，数组的第一项是内半径，第二项是外半径
highlight_policy	当鼠标移动到一个扇形块时，可以高亮显示相关的扇形块。'descendant'：高亮显示该扇形块和后代元素，其他元素将被淡化；'ancestor'：高亮显示该扇形块和祖先元素；'self'：只高亮显示自身；'none'：不会淡化其他元素

属　性	说　明
node_click	单击节点后的行为。可取值为：false，单击节点后无反应；'rootToNode'，单击节点后以该节点为根节点；'link'：如果节点数据中有 link，单击节点后就会进行超链接跳转
sort_	扇形块根据数据 value 的排序方式，如果未指定 value，其值就为子元素 value 之和。'desc'：降序排序；'asc'：升序排序；'null'：表示不排序，使用原始数据的顺序。使用 JavaScript 回调函数进行排列
levels	旭日图多层级配置
label_opts	标签配置项
itemstyle_opts	数据项的配置

旭日图的数据项配置如表 11-10 所示。

表 11-10　旭日图数据项配置

属　性	说　明
value	数据值，如果包含 children，就可以不写 value 值。这时，将使用子元素的 value 之和作为父元素的 value。如果 value 大于子元素之和，就可以用来表示还有其他子元素未显示
name	显示在扇形块中的描述文字
link	单击此节点可跳转的超链接。Sunburst.add.node_click 值为 'link' 时才生效
target	意义同 HTML <a>标签中的 target，但跳转方式不同，blank 是在新窗口或者新的标签页中打开，self 则在当前页面或者当前标签页打开
label_opts	标签配置项
itemstyle_opts	数据项配置项
children	子节点数据项配置（与 SunburstItem 一致，递归下去）

11.6.2　实例：绘制我的家庭树旭日图

本例绘制的我的家庭树旭日图主要用于分析家庭人员的相互关系，Python 代码如下：

```
# -*- coding: utf-8 -*-

#声明 Notebook 类型，必须在引入 pyecharts.charts 等模块前声明
from pyecharts.globals import CurrentConfig, NotebookType
CurrentConfig.NOTEBOOK_TYPE = NotebookType.JUPYTER_LAB

from pyecharts import options as opts
from pyecharts.charts import Sunburst
```

```python
def sunburst() -> Sunburst:
    data = [
        opts.SunburstItem(
            name="爷爷",
            children=[
                opts.SunburstItem(
                    name="李叔叔",
                    value=15,
                    children=[
                        opts.SunburstItem(name="表妹李诗诗", value=2),
                        opts.SunburstItem(
                            name="表哥李政",
                            value=5,
                            children=[opts.SunburstItem(name="表侄李佳", value=2)],
                        ),
                        opts.SunburstItem(name="表姐李诗", value=4),
                    ],
                ),
                opts.SunburstItem(
                    name="爸爸",
                    value=10,
                    children=[
                        opts.SunburstItem(name="我", value=5),
                        opts.SunburstItem(name="哥哥李海", value=1),
                    ],
                ),
            ],
        ),
        opts.SunburstItem(
            name="三爷爷",
            children=[
                opts.SunburstItem(
                    name="李叔叔",
                    children=[
                        opts.SunburstItem(name="表哥李靖", value=1),
                        opts.SunburstItem(name="表妹李静", value=2),
                    ],
                )
            ],
        ),
    ]

    c = (
```

```
    Sunburst()
    .add(series_name="我的家庭树旭日图", data_pair=data, radius=[0, "90%"])
    .set_global_opts(title_opts=opts.TitleOpts(title="我的家庭树旭日图"),
                 toolbox_opts=opts.ToolboxOpts())
    .set_series_opts(label_opts=opts.LabelOpts(formatter="{b}"))
    )
    return c

#第一次渲染时调用 load_javasrcript 文件
sunburst().load_javascript()
#展示数据可视化图表
sunburst().render_notebook()
```

在 Jupyter Lab 中运行上述代码，生成如图 11-6 所示的旭日图。

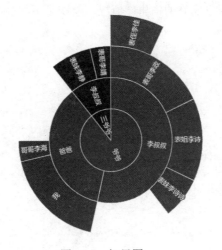

图 11-6　旭日图

11.7　主题河流图的绘制

11.7.1　主题河流图及其参数配置

主题河流图是一种特殊的流图，主要用来表示事件或主题等在一段时间内的变化。这是一种围绕中心轴线移位的堆积面积图，导致流动的有机形状显示了不同类别的数据随时间的变化，通过使用流动的有机形状，有点类似河流的水流。

在主题河流图中，每个流的形状大小与每个类别中的值成比例，平行流动的轴变量用于时间，是显示大量数据集的理想选择，以便随时间发现各种类别的趋势和模式。

Pyecharts 主题河流图的参数配置如表 11-11 所示。

表 11-11　主题河流图参数配置

属　性	说　明
series_name	系列名称，用于 tooltip 的显示，legend 的图例筛选
data	系列数据项
is_selected	是否选中图例
label_opts	标签配置项
tooltip_opts	提示框组件配置项
singleaxis_opts	单轴组件配置项

11.7.2　实例：不同类型商品销售情况分析

为了分析某企业不同类型商品的销售额情况，绘制了不同商品销售额的主题河流图，Python 代码如下：

```
# -*- coding: utf-8 -*-
# -*- coding: utf-8 -*-

#声明 Notebook 类型，必须在引入 pyecharts.charts 等模块前声明
from pyecharts.globals import CurrentConfig, NotebookType
CurrentConfig.NOTEBOOK_TYPE = NotebookType.JUPYTER_LAB
from pyecharts import options as opts
from pyecharts.charts import Page, ThemeRiver
from impala.dbapi import connect

#连接 Hadoop 数据库
conn = connect(host='192.168.1.7', port=10000,
database='sales',auth_mechanism='NOSASL',user='root')
cursor = conn.cursor()

#读取 Hadoop 表数据
sql_num = "SELECT order_date,ROUND(SUM(sales),2),category FROM orders WHERE
order_date>='2019-10-01' and order_date<='2019-10-31' GROUP BY
category,order_date"
cursor.execute(sql_num)
sh = cursor.fetchall()
v1 = []
v2 = []
for s in sh:
  v1.append([s[0],s[1],s[2]])
```

```
#画主题河流图
def themeriver() -> ThemeRiver:
    c = (
        ThemeRiver()
        .add(
            ["办公用品","家具","技术"],
            v1,
            singleaxis_opts=opts.SingleAxisOpts(type_="time",
pos_bottom="10%"),
        )
        .set_global_opts(title_opts=opts.TitleOpts(title="不同类型商品销售额比较
分析", subtitle="2019 年企业经营状况"),
                        toolbox_opts=opts.ToolboxOpts(),
                        legend_opts=opts.LegendOpts(is_show=True)
                        )
    )
    return c

#第一次渲染时调用 load_javasrcript 文件
themeriver().load_javascript()
#展示数据可视化图表
themeriver().render_notebook()
```

在 Jupyter Lab 中运行上述代码，生成如图 11-7 所示的主题河流图。

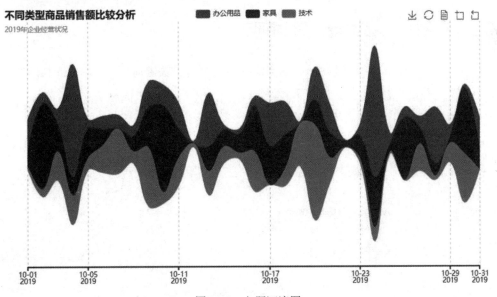

图 11-7　主题河流图

11.8 词云的绘制

11.8.1 词云及其参数配置

词云就是对文本中出现频率较高的关键词予以视觉上的突出，形成"关键词云层"或"关键词渲染"，从而过滤掉大量的文本信息，使用户只要一眼扫过文本就可以领略文本的主旨。

Pyecharts 词云的参数配置如表 11-12 所示。

表 11-12 词云参数配置

属　性	说　明
series_name	系列名称，用于 tooltip 的显示，legend 的图例筛选
data_pair	系列数据项，[(word1, count1), (word2, count2)]，其中 word1 是指关键词 1，count1 是关键词 1 的数量，word2 是指关键词 2，count2 是关键词 2 的数量
shape	词云图轮廓，有'circle'、'cardioid'、'diamond'、'triangle-forward'、'triangle'、'pentagon'、'star'可选
word_gap	单词间隔
word_size_range	单词字体大小范围
rotate_step	旋转单词角度
tooltip_opts	提示框组件配置项

11.8.2 实例：商品类型关键词词云

为了分析某企业商品类型的构成情况，绘制了商品类型的关键词词云，Python 代码如下：

```
# -*- coding: utf-8 -*-

#声明 Notebook 类型，必须在引入 pyecharts.charts 等模块前声明
from pyecharts.globals import CurrentConfig, NotebookType
CurrentConfig.NOTEBOOK_TYPE = NotebookType.JUPYTER_LAB

from pyecharts import options as opts
from pyecharts.charts import Page, WordCloud
from pyecharts.globals import SymbolType
from impala.dbapi import connect

#读取 Hadoop 表数据
conn = connect(host='192.168.1.7', port=10000,
database='sales',auth_mechanism='NOSASL',user='root')
cursor = conn.cursor()
```

```
sql_num = "SELECT subcategory,count(subcategory) FROM orders where dt=2019 GROUP
BY subcategory"
cursor.execute(sql_num)
sh = cursor.fetchall()
v1 = []
for s in sh:
  v1.append((s[0],s[1]))


#画词云图
def wordcloud() -> WordCloud:
  c = (
      WordCloud()
      .add("", v1, word_size_range=[20, 160],shape=SymbolType.DIAMOND)
      .set_global_opts(title_opts=opts.TitleOpts(title="2019 年销售商品类型关
键词词云"),toolbox_opts=opts.ToolboxOpts())
  )
  return c


#第一次渲染时调用 load_javasrcript 文件
wordcloud().load_javascript()
#展示数据可视化图表
wordcloud().render_notebook()
```

在 Jupyter Lab 中运行上述代码，生成如图 11-8 所示的词云。

图 11-8　词云

11.9　玫瑰图的绘制

11.9.1　玫瑰图及其参数配置

玫瑰图是弗罗伦斯·南丁格尔发明的，又名鸡冠花图、极坐标区域图，是南丁格尔在克里米亚战争期间提交关于士兵死伤的报告时发明的一种图表。玫瑰图是在极坐标下绘制的柱状图，使用圆弧的半径长短表示数据的大小（数量的多少）。

由于半径和面积的关系是平方的关系，因此玫瑰图会将数据的比例大小夸大，尤其适合对比大小相近的数值。由于圆形有周期的特性，因此玫瑰图也适用于表示一个周期内的时间概念，比如星期、月份。

11.9.2　实例：不同职业群体的购买力分析

为了分析某企业不同职业群体的购买力情况，绘制了不同群体销售额的玫瑰图，Python 代码如下：

```
# -*- coding: utf-8 -*-

#声明 Notebook 类型，必须在引入 pyecharts.charts 等模块前声明
from pyecharts.globals import CurrentConfig, NotebookType
CurrentConfig.NOTEBOOK_TYPE = NotebookType.JUPYTER_LAB

from pyecharts import options as opts
from pyecharts.charts import Page, Pie
from impala.dbapi import connect

#连接 Hadoop 数据库
v1 = []
v2 = []
conn = connect(host='192.168.1.7', port=10000,
database='sales',auth_mechanism='NOSASL',user='root')
cursor = conn.cursor()

#读取 Hadoop 表数据
sql_num = "SELECT occupation,ROUND(SUM(sales/10000),2) FROM customers,orders
WHERE customers.cust_id=orders.cust_id and dt=2019 GROUP BY occupation"
cursor.execute(sql_num)
sh = cursor.fetchall()
for s in sh:
    v1.append(s[0])
    v2.append(s[1])

#画玫瑰图
def rosetype() -> Pie:
    c = (
        Pie()
        .add(
            "",
            [list(z) for z in zip(v1, v2)],
            radius=["30%", "75%"],
            center=["50%", "55%"],
            rosetype="radius",
```

```
                label_opts=opts.LabelOpts(is_show=False),
          )
          .set_colors(["blue", "green", "purple", "red", "silver"])  #设置颜色
          .set_global_opts(title_opts=opts.TitleOpts(title="2019年不同职业群体的
购买力分析", subtitle="2019年销售经营状况分析"),
                           legend_opts=opts.LegendOpts(orient="horizontal",
pos_top="5%", pos_left="30%"),
                           toolbox_opts=opts.ToolboxOpts())
          .set_series_opts(label_opts=opts.LabelOpts(formatter="{b}: {c}"))
     )
     return c

#第一次渲染时调用 load_javasrcript 文件
rosetype().load_javascript()
#展示数据可视化图表
rosetype().render_notebook()
```

在 Jupyter Lab 中运行上述代码，生成如图 11-9 所示的玫瑰图。

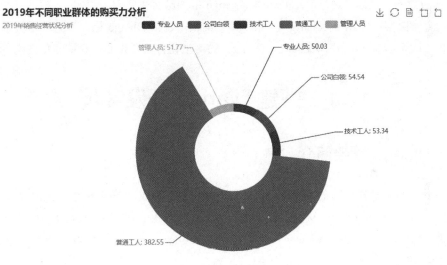

图 11-9　玫瑰图

第 12 章

Web 端的数据可视化

Web 端的数据可视化可通过 Pyecharts 与 Django 框架结合来实现。

本章通过实际案例介绍 Pyecharts 与 Django 的集成,包括 Django 框架等。基于对于可视化的巨大需求以及成本因素,利用 Pyecharts + Django 的可视化方式显然是一种比较好的选择。

12.1 搭建 Django 开发环境

12.1.1 Django 框架简介

Django 是一个开放源代码的 Web 应用框架,由 Python 写成。Django 遵守 BSD 版权,初次发布于 2005 年 7 月,并于 2008 年 9 月发布了第一个正式版本 1.0。Django 采用 MVC 的软件设计模式,即模型(Model)、视图(View)和控制器(Controller)。Django 版本与 Python 版本的对应关系如表 12-1 所示。

表 12-1　Django 版本与 Python 版本的对应关系

Django 版本	Python 版本
1.8	2.7、3.2、3.3、3.4、3.5
1.9, 1.10	2.7、3.4、3.5
1.11	2.7、3.4、3.5、3.6
2.0	3.4、3.5、3.6、3.7
2.1, 2.2	3.5、3.6、3.7、3.8

Python 下有许多款不同的 Web 框架。Django 是重量级选手中很有代表性的一位。许多成功的网站和 App 都基于 Django。Django 最初被设计用于具有快速开发需求的新闻类站点,目的是实

现简单快捷的网站开发。

Django 是一个基于 MVC 构造的框架。但是在 Django 中，控制器接收用户输入的部分由框架自行处理，所以 Django 更关注模型（Model）、模板（Template）和视图（Views），称为 MTV 模式，具体如表 12-2 所示。

表 12-2　MVC 构造的框架

层　次	职　责
模型，即数据存取层	处理与数据相关的所有事务：如何存取、如何验证有效性、包含哪些行为以及数据之间的关系等
模板，即表现层	处理与表现相关的决定：如何在页面或其他类型的文档中进行显示
视图，即业务逻辑层	存取模型及调取恰当模板的相关逻辑。模型与模板的桥梁

（1）模型层

Django 提供了一个抽象的模型层，为了构建和操纵 Web 应用的数据。模型是数据唯一而且准确的信息来源，它包含正在存储的数据的重要字段和行为。一般来说，每个模型都映射一个数据库表。每个模型都是一个 Python 的类，这些类继承 django.db.models.Model，模型类的每个属性都相当于一个数据库的字段。

（2）模板层

模板层提供了一个对设计者友好的语法用于渲染向用户呈现的信息。作为一个 Web 框架，Django 需要一种动态生成 HTML 的便捷方法。模板包含所需 HTML 输出的静态部分，以及一些特殊的模板语法，用于将动态内容插入静态部分。Django 项目可以配置一个或多个模板引擎。Django 定义了一个标准的 API，用于加载和渲染模板，而不用考虑后端的模板系统。

（3）视图层

Django 具有"视图"的概念，负责处理用户的请求并返回响应。为了给一个应用设计 URL，需要创建一个 Python 模块，通常被称为 URLconf（URL Configuration）。这个模块是纯粹的 Python 代码模块，包含 URL 模式到 Python 函数（视图）的简单映射，映射可短可长，它可以引用其他的映射。而且，因为这个模块是纯粹的 Python 代码，所以可以动态构造。

12.1.2　Django 开发环境

如果需要把大量的数据在 Web 端进行可视化，就需要绘制各类图表，数据保存在服务器中，使用 D3.js 这个数据可视化前端库来画图，但是需要编写大量的 JS 代码。但是 Django 框架只需要在后端编写少量的 Python 代码，再传送到前端让浏览器解析，从而大大地减少了工作量。

下面介绍 Django 开发环境。在 Anaconda 开发环境下，可以通过 pip install django 命令安装 Django。此外，我们还需要安装 djangorestframework、sqlparse 等包。这里安装的是 Django 2.2.5 版本，如图 12-1 所示。

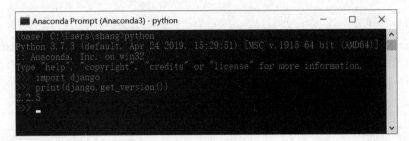

图 12-1 安装 Django

Django 工作机制（见图 12-2）如下：

（1）用 manage .py runserver 启动 Django 服务器时就载入了在同一目录下的 settings .py。该文件包含项目中的配置信息，其中重要的配置是 ROOT_URLCONF，它告诉 Django 哪个 Python 模块应该用作本站的 URLConf，默认的是 urls .py。

（2）当访问 URL 的时候，Django 会根据 ROOT_URLCONF 的设置来装载 URLConf。

（3）然后按顺序逐个匹配 URLConf 里的 URLpatterns。如果找到，就会调用相关联的视图函数，并把 HttpRequest 对象作为第一个参数（通常是 request）。

（4）最后该 view 函数负责返回一个 HttpResponse 对象。

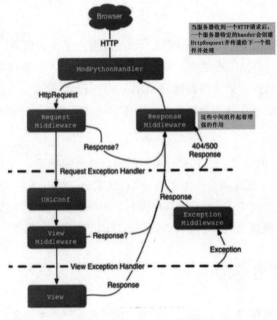

图 12-2 Django 的工作机制

12.2 Pyecharts 与 Django 集成案例

为了研究某企业 2019 年在全国各个省市的有效订单与有效客户的数量，数据需要在 Web 端进行可视化，并绘制相关图表。可视化的数据存放在我们搭建的 Hadoop 集群中，通过 Pyecharts 与 Django 的集成，我们只需要在后端编写少量的 Python 代码，传送到前端让浏览器解析，就可以生成比较美观的可视化视图页面。

12.2.1　创建项目运行环境

在 Anaconda Prompt 中，切换到 D 盘的 Python for Matplotlib and pyecharts 文件夹下，通过 django-admin startproject pyecharts_django 来创建 pyecharts_django 项目，如图 12-3 所示。

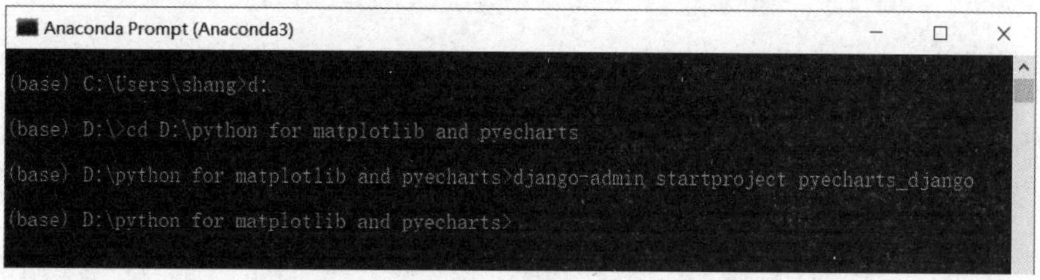

图 12-3　切换工作路径

通过上面的操作，在 D 盘的 Python for Matplotlib and pyecharts 文件夹下将会生成 pyecharts_django 文件夹，其中包含 manage.py 和 pyecharts_django 两个文件：

- manage.py：一个实用的命令行工具，可以以各种方式与该 Django 项目进行交互。
- pyecharts_django：项目的容器，存放项目相关的文件。

项目容器 pyecharts_django 文件夹下，初始默认包含以下文件：

- __init__.py：一个空文件，告诉 Python 该目录是一个 Python 包。
- settings.py：该 Django 项目的设置/配置。
- urls.py：该 Django 项目的 URL 声明，一份由 Django 驱动的网站"目录"。
- wsgi.py：一个 WSGI 兼容的 Web 服务器的入口，以便运行项目。

在 D 盘 Python for Matplotlib and pyecharts 文件夹下的 pyecharts_django 文件夹中，创建 sales 应用，运行 Python manage.py startapp sales 命令，如图 12-4 所示，在 pyecharts_django 文件夹下将会新建一个 sales 项目文件。

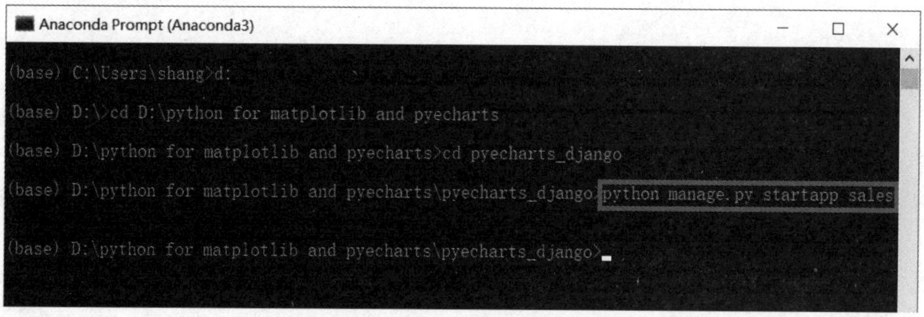

图 12-4　创建新的应用

12.2.2 配置项目参数文件

首先需要为应用添加应用名称，需要修改 setting.py 文件，它位于 D:\Python for Matplotlib and pyecharts\pyecharts_django\pyecharts_django 文件夹下，在 setting.py 中添加注册新建的 sales 应用程序，修改的内容如下：

```
INSTALLED_APPS = [
    'django.contrib.admin',
    'django.contrib.auth',
    'django.contrib.contenttypes',
    'django.contrib.sessions',
    'django.contrib.messages',
    'django.contrib.staticfiles',
 'sales',                    #添加的 APP 名称
 'rest_framework',
]
```

然后打开生成的 sales 文件夹，再打开 views.py 文件，通过代码生成一个名叫 index 的视图，具体代码如下：

```
#导入相关的包
import json
from random import randrange
from django.http import HttpResponse
from rest_framework.views import APIView
from pyecharts import options as opts
from pyecharts.charts import Bar, Page
from impala.dbapi import connect

#连接 Hadoop 数据库
v1 = []
v2 = []
v3 = []
conn = connect(host='192.168.1.7', port=10000,
database='sales',auth_mechanism='NOSASL',user='root')
cursor = conn.cursor()

#读取 Hadoop 表数据
sql_num = "SELECT province,count(distinct order_id),count(distinct cust_id)
FROM orders WHERE dt=2019 and return=0 GROUP BY province"
cursor.execute(sql_num)
sh = cursor.fetchall()
for s in sh:
    v1.append(s[0])
```

```
        v2.append(s[1])
        v3.append(s[2])


# Create your views here.
def response_as_json(data):
    json_str = json.dumps(data)
    response = HttpResponse(
        json_str,
        content_type="application/json",
    )
    response["Access-Control-Allow-Origin"] = "*"
    return response


def json_response(data, code=200):
    data = {
        "code": code,
        "msg": "success",
        "data": data,
    }
    return response_as_json(data)


def json_error(error_string="error", code=500, **kwargs):
    data = {
        "code": code,
        "msg": error_string,
        "data": {}
    }
    data.update(kwargs)
    return response_as_json(data)


JsonResponse = json_response
JsonError = json_error


#画直方图
def bar_base() -> Bar:
    c = (
        Bar()
        .add_xaxis(v1)
        .add_yaxis("有效订单数", v2)
        .add_yaxis("有效客户数", v3, is_selected=True)        #is_selected 默认是
False, 即不选中
        .set_global_opts(
            title_opts=opts.TitleOpts(title="有效订单与有效客户分析",
```

```
subtitle="2019 年企业经营状况分析"),
            toolbox_opts=opts.ToolboxOpts(),
        datazoom_opts=opts.DataZoomOpts(),
            legend_opts=opts.LegendOpts(is_show=True))
    .dump_options()
    )
    return c

class ChartView(APIView):
    def get(self, request, *args, **kwargs):
        return JsonResponse(json.loads(bar_base()))

class IndexView(APIView):
    def get(self, request, *args, **kwargs):
        return HttpResponse(content=open("./templates/index.html").read())
```

为了使得编写的 index 视图有一个 URL 映射，在 sales 文件夹下新建一个 urls.py 文件，在其中输入如下代码：

```
from django.conf.urls import url
from . import views

urlpatterns = [
    url(r'^bar/$', views.ChartView.as_view(), name='sales'),
    url(r'^index/$', views.IndexView.as_view(), name='sales'),
]
```

在 D 盘 Python for Matplotlib and pyecharts\pyecharts_django\pyecharts_django 文件夹下创建 sales 的 urls 模块，打开 urls.py 文件，并在 urlpatterns 模块中插入一个 include()函数，在其中输入如下代码：

```
from django.contrib import admin
from django.urls import path
from django.conf.urls import url, include

urlpatterns = [
    path('admin/', admin.site.urls),
    url(r'^sales/', include('sales.urls'))
]
```

为了简化可视化页面的配置，可以复制 Anaconda3\Lib\site-packages\pyecharts\render 文件夹下的 templates 到 D:\Python for Matplotlib and pyecharts\pyecharts_django 文件夹下，然后在 templates 中新建一个 index.html 文件，代码如下：

```
<!DOCTYPE html>
```

```html
<html>
<h1 align="center" style="color:red;">2019 年企业经营状况分析</h1>
<title>客户分析</title>
<p class="parallax-alt" style="text-indent: 2em;">2019 年，该电商企业在全国各个省
市的有效订单数和有效客户数存在明显的差异，排名靠前的是山东省、广东省和黑龙江，其中，山东省的有
效订单数为 274 单，有效客户数为 145 个，其次是广东省，依次分别为 251 单和 124 个，以及黑龙江，依
次分别为 238 单和 113 个，如图所示。</p>
<head>
    <meta charset="UTF-8">
    <script
src="https://cdn.bootcss.com/jquery/3.0.0/jquery.min.js"></script>
    <script type="text/javascript"
src="https://assets.pyecharts.org/assets/echarts.min.js"></script>
</head>
<style>
    div {
        margin: 0 auto;
        background-color: #cccccc;
    }
</style>
<body>
    <div id="bar" style="width:1450px; height:550px;"></div>
    <script>
        var chart = echarts.init(document.getElementById('bar'), 'white',
{renderer: 'canvas'});
        $(
            function () {
                getData(chart);
              setInterval(fetchData, 2000);
            }
        );
        function getData() {
            $.ajax({
                type: "GET",
                url: "http://127.0.0.1:8000/sales/bar",
                dataType: 'json',
                success: function (result) {
                    chart.setOption(result.data);
                }
            });
        }
    </script>
```

```
</body>
<p class="parallax-alt" style="text-indent: 2em;"><a
href="https://blog.csdn.net/shanghaiwren/">王老师的博客</a>：在我的个人博客上，有本人
已经出版的所有专著的介绍，以及在学习工作中遇到的各类问题的解决方法及心得。</p>
</html>
```

12.2.3 测试项目运行效果

待上述项目的参数文件都配置完毕后，就可以测试一下实际效果。运行 Python manage.py runserver 命令，出现如图 12-5 所示的界面，说明应用正常启动。

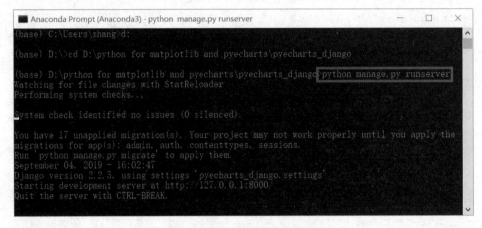

图 12-5 测试项目参数

在浏览器中输入 http://127.0.0.1:8000/sales/index/，就可以看到我们设计的页面信息，由于省份较多，可以通过拖曳下方的滚动条的方式查看所有省份的数据，如图 12-6 所示。

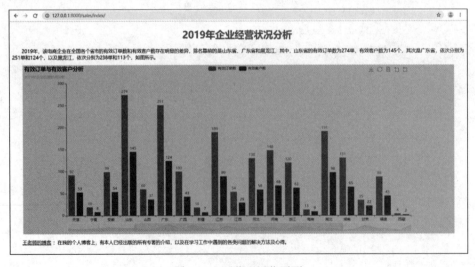

图 12-6 浏览可视化页面

　　通过图 12-6 可以看出：在 2019 年，该电商企业在全国各个省市的有效订单数和有效客户数存在明显的差异，排名靠前的是山东省、广东省和黑龙江省，其中，山东省的有效订单数为 274 单，有效客户数为 145 个，其次是广东省，有效订单数为 251 单，有效客户数为 124 个，接着是黑龙江省，有效订单数为 238 单，有效客户数为 113 个。

附　录

集群各节点的参数配置

Hadoop 的参数配置

集群的 Hadoop 版本是 2.5.2，可以到其官方网站下载，需要配置的文件为 core-site.xml、hdfs-site.xml、mapred-site.xml、yarn-site.xml、slaves 五个，都在 Hadoop 的/etc/hadoop 文件夹下，配置完成后需要向集群其他机器节点分发，具体配置参数如下：

（1）core-site.xml

```xml
<configuration>
  <property>
    <name>fs.defaultFS</name>
    <value>hdfs://master:9000</value>
  </property>
  <property>
    <name>hadoop.tmp.dir</name>
    <value>/home/dong/hadoopdata</value>
  </property>
  <property>
    <name>hadoop.proxyuser.root.hosts</name>
    <value>*</value>
  </property>
  <property>
    <name>hadoop.proxyuser.root.groups</name>
    <value>*</value>
  </property>
</configuration>
```

（2）hdfs-site.xml

```
<configuration>
 <property>
  <name>dfs.replication</name>
  <value>1</value>
 </property>
 <property>
  <name>dfs.permissions</name>
  <value>false</value>
 </property>
</configuration>
```

（3）mapred-site.xml

```
<configuration>
 <property>
  <name>mapreduce.framework.name</name>
  <value>yarn</value>
 </property>
 <property>
  <name>mapreduce.map.memory.mb</name>
  <value>2048</value>
 </property>
 <property>
  <name>mapreduce.map.java.opts</name>
  <value>-Xmx2048M</value>
 </property>
 <property>
  <name>mapreduce.reduce.memory.mb</name>
  <value>4096</value>
 </property>
 <property>
  <name>mapreduce.reduce.java.opts</name>
  <value>-Xmx4096M</value>
 </property>
</configuration>
```

（4）yarn-site.xml

```
<configuration>
 <property>
  <name>yarn.nodemanager.aux-services</name>
  <value>mapreduce_shuffle</value>
 </property>
 <property>
```

```
        <name>yarn.resourcemanager.address</name>
        <value>master:18040</value>
    </property>
    <property>
        <name>yarn.resourcemanager.scheduler.address</name>
        <value>master.18030</value>
    </property>
    <property>
        <name>yarn.resourcemanager.resource-tracker.address</name>
        <value>master:18025</value>
    </property>
    <property>
        <name>yarn.resourcemanager.admin.address</name>
        <value>master:18141</value>
    </property>
    <property>
        <name>yarn.resourcemanager.webapp.address</name>
        <value>master:18088</value>
    </property>
</configuration>
```

（5）slaves

```
slave1
slave2
```

我们还需要将配置好的 Hadoop 文件复制到其他节点，注意此步骤的操作仍然是在 master 节点上，复制到 slave1 和 slave2 的语句如下：

```
scp -r /home/dong/hadoop-2.5.2 root@slave1:/home/dong/
scp -r /home/dong/hadoop-2.5.2 root@slave2:/home/dong/
```

Hive 的参数配置

Hive 将元数据存储在 RDBMS 中，一般常用 MySQL 和 Derby。默认情况下，Hive 元数据保存在内嵌的 Derby 数据库中，只能允许一个会话连接，仅仅适合简单的测试，实际生产环境中不适用。为了支持多用户会话，需要一个独立的元数据库，一般使用 MySQL 作为元数据库，Hive 内部对 MySQL 也提供了很好的支持，因此在安装 Hive 之前需要安装 MySQL 数据库。

配置 Hive 时一定要记得加入 MySQL 的驱动包（mysql-connector-java-5.1.26-bin.jar），该 JAR 包放置在 Hive 根路径下的 lib 目录下。Hive 是运行在 Hadoop 环境之上的，因此需要安装 Hadoop 环境，这里我们将 Hive 安装在 Hadoop 完全分布式模式的 master 节点上，需要配置 hive-site.xml 和 hive-env.sh 两个文件，具体配置参数如下：

（1）hive-env.sh

在 hive-env.sh 文件的最后添加以下内容：

```
export  JAVA_HOME=/usr/java/jdk1.7.0_71/
export  HADOOP_HOME=/home/dong/hadoop-2.5.2
export  HIVE_HOME=/home/dong/apache-hive-1.2.2-bin
export  HIVE_CONF_DIR=/home/dong/apache-hive-1.2.2-bin/conf
```

（2）hive-site.xml

```
<configuration>
  <property>
    <name>hive.metastore.warehouse.dir</name>
    <value>/user/hive/warehouse</value>
  </property>
  <property>
    <name>hive.execution.engine</name>
    <value>mr</value>
  </property>
  <property>
    <name>javax.jdo.option.ConnectionURL</name>
<value>jdbc:mysql://192.168.1.7:3306/hive?createDatabaseIfNotExist=true&amp;us
eSSL=false</value>
  </property>
  <property>
    <name>javax.jdo.option.ConnectionDriverName</name>
    <value>com.mysql.jdbc.Driver</value>
  </property>
  <property>
    <name>javax.jdo.option.ConnectionUserName</name>
    <value>root</value>
  </property>
  <property>
    <name>javax.jdo.option.ConnectionPassword</name>
    <value>root</value>
  </property>
  <property>
    <name>hive.metastore.uris</name>
    <value>thrift://192.168.1.7:9083</value>
    <description></description>
  </property>
  <property>
    <name>hive.server2.authentication</name>
```

```
    <value>NOSASL</value>
  </property>
  <property>
    <name>hive.cli.print.header</name>
    <value>true</value>
  </property>
  <property>
    <name>hive.cli.print.current.db</name>
    <value>true</value>
  </property>
  <property>
    <name>hive.server2.thrift.port</name>
    <value>10000</value>
  </property>
  <property>
    <name>hive.server2.thrift.bind.host</name>
    <value>192.168.1.7</value>
  </property>
</configuration>
```

Spark 的参数配置

我们可以到 Spark 官网（http://spark.apache.org/downloads.html）下载 spark-1.4.0-bin-hadoop2.4，同时还需要下载 scala-2.10.4.tgz，需要配置 spark-defaults.conf、spark-env.sh、slaves 共 3 个文件，配置完成后需要向集群其他机器节点分发。

（1）spark-defaults.conf

在 spark-defaults.conf 的最后添加以下内容：

```
spark.master=spark://master:7077
```

（2）spark-env.sh

在 spark-env.sh 的最后添加以下内容：

```
export HADOOP_CONF_DIR=/home/dong/hadoop-2.5.2/
export JAVA_HOME=/usr/java/jdk1.7.0_71/
export SCALA_HOME=/home/dong/scala-2.10.4
export SPARK_MASTER_IP=192.168.1.7
export SPARK_MASTER_PORT=7077
export SPARK_MASTER_WEBUT_PORT=8080
export SPARK_WORKER_PORT=7078
export SPARK_WORKER_WEBUT_PORT=8081
export SPARK_WORKER_CORES=1
```

```
export SPARK_WORKER_INSTANCES=1
export SPARK_WORKER_MEMORY=2g
export
SPARK_JAR=/home/dong/spark-1.4.0-bin-hadoop2.4/lib/spark-assembly-1.4.0-hadoop
2.4.0.jar
```

（3）slaves

```
slave1
slave2
```

此外，还需要将配置好的 hive-site.xml 复制到 Spark 的配置文件下，最后将配置好的 Spark 和 Scala 复制到 slave1 和 slave2 两个从节点，注意此步骤的所有操作仍然是在 master 节点上，具体语句如下：

```
scp -r /home/dong/scala-2.10.4 root@slave1:/home/dong/
scp -r /home/dong/spark-1.4.0-bin-hadoop2.4 root@slave1:/home/dong/
scp -r /home/dong/scala-2.10.4 root@slave2:/home/dong/
scp -r /home/dong/spark-1.4.0-bin-hadoop2.4 root@slave2:/home/dong/
```

Zeppelin 的参数配置

Zeppelin 是运行在 Hive 环境之上的，因此需要先安装和启动 Hive，这里我们将其安装在 Hadoop 集群的 master 节点上，需要配置 zeppelin-env.sh、zeppelin-site.xml 和 shiro.ini 三个文件，具体配置参数如下：

（1）zeppelin-env.sh

在 zeppelin-env.sh 的最后添加以下内容：

```
export  JAVA_HOME=/usr/java/jdk1.7.0_71/
export  MASTER=spark://192.168.1.7:7077
export  SPARK_HOME=/home/dong/spark-1.4.0-bin-hadoop2.4
export  HADOOP_CONF_DIR=/home/dong/hadoop-2.5.2/etc/hadoop
```

（2）zeppelin-site.xml

修改以下配置的参数值，其他参数值不用修改：

```
<property>
  <name>zeppelin.server.addr</name>
  <value>192.168.1.7</value>
  <description>Server address</description>
</property>
<property>
```

```
  <name>zeppelin.server.port</name>
  <value>7080</value>
  <description>Server port.</description>
</property>
<property>
  <name>zeppelin.anonymous.allowed</name>
  <value>false</value>
  <description>Anonymous user allowed by default</description>
</property>
```

（3）shiro.ini

修改账号并添加 root 登录账号，密码是 root，后期登录需要账号和密码，结果如下：

```
root = root, admin
#admin = password1, admin
#user1 = password2, role1, role2
#user2 = password3, role3
#user3 = password4, role2
```

此外，还需要安装 jdk-7u71-linux-x64.tar.gz，这个比较简单，只需要先解压文件，然后配置 etc 下的 profile 文件即可，可以参考网络上的相关资料，这里不做详细介绍。

集群的启动与关闭

由于 Hadoop 集群上的软件较多,因此集群的启动程序命令相对比较复杂,为了防止启动错误,我们这里使用绝对路径，具体启动命令如下：

（1）Hadoop 的启动和关闭：

启动：/home/dong/hadoop-2.5.2/sbin/start-all.sh。
关闭：/home/dong/hadoop-2.5.2/sbin/stop-all.sh。

（2）Hive 的启动：

```
nohup hive --service metastore > metastore.log 2>&1 &
hive --service hiveserver2  &
```

Hive 的关闭一般是通过 kill 命令实现的，即 kill 加进程编号。

（3）Spark 的启动和关闭：

启动：/home/dong/spark-1.4.0-bin-hadoop2.4/sbin/start-all.sh。
关闭：/home/dong/spark-1.4.0-bin-hadoop2.4/sbin/stop-all.sh。

（4）Zeppelin 的启动和关闭：

启动：/home/dong/zeppelin-0.7.3-bin-all/bin/zeppelin-daemon.sh start。

关闭：/home/dong/zeppelin-0.7.3-bin-all/bin/zeppelin-daemon.sh stop。

参考文献

[1]刘宝华，牛婷婷，秦洲，张立东.基于 Tableau 大数据的隧道技术状况分析[J].公路，2019，03:342-346.

[2]白玲.Tableau 在医疗卫生数据可视化分析中的应用[J].中国数字医学，2018，1310:72-74+77.

[3]白玲.基于 Tableau 工具的医疗数据可视化分析[J].中国医院统计，2018，2505:399-401.

[4]古锐昌，丁钰琳.Tableau 在气象大数据可视化分析中的应用[J].广东气象，2017，3906:40-42.

[5]陈佳艳.基于 Tableau 实现在线教育大数据的可视化分析[J].江苏商论，2018，02:123-125.

[6]黄亮，戴小鹏，王奕.基于 Tableau 的商业数据可视化分析[J].电脑知识与技术，2018，1429:14-15+17.

[7]王露，杨晶晶，黄铭.基于 R 语言和 Tableau 的气象数据可视化分析[J].计算机与网络，2017，4324:69-71.

[8]李良才，张家铭，崔昌宇，邓文佩，叶玮.基于 Tableau 实现 MOOC 学习行为数据可视化分析[J].电脑编程技巧与维护，2016，22:47+75.

[9]赵三珊，沈豪栋，许唐云，王华，李莉华.基于 Tableau 技术的电网企业综合计划监测体系研究[J].电力与能源，2018，3903:339-343.

[10]张蕾，李昂，向翰丞.基于 Tableau 的大电量客户用电量异常分析[J].电工技术，2018，13:76-77.

[11]杨月.Tableau 在航运企业航线营收数据分析中的应用[J].集装箱化，2018，2908:8-9.

[12]郭二强，李博.基于 Excel 和 Tableau 实现企业业务数据化管理[J].电子技术与软件工程,2018,20:1611.

[13]杨小军，张雪超，李安琪.利用 Excel 和 Tableau 实现业务工作数据化管理[J].电脑编程技巧与维护，2017，12:66-611.

[14]马佳琪，滕国文.基于 Matplotlib 的大数据可视化应用研究[J].电脑知识与技术，2019，15(17):18-19.

[15]刘雨珂，王平.基于 Python+Pandas+Matplotlib 的学生成绩数据统计与图形输出实现[J].福建电脑，2017，33(11):104-106+142.

[16]李保源.Matplotlib 在计算结果可视化中的应用[J].现代计算机，2007(01):81-84.

[17]贾利娟，刘娟，王健，周国民.基于 PyEcharts 的全球玉米贸易数据可视化系统建设及应用展望[J].农业展望，2019，15(03):46-54.

[18]蔡敏.Python 语言的 Web 开发应用分析[J].无线互联科技，2019，16(04):27-28.

[19]杨菲菲.基于 Hadoop 的面向信管专业的数据分析与数据挖掘课程群的构建研究[J].电脑知识与技术，2018，14(28):95-97.

[20]廖先富，刘俊男.基于 Django 与 HDFS 的分布式三维模型文件数据库构建[J].电子技术与软件工程，2018(18):189-191.

[21]赖伟. 基于 Hadoop 和 Django 的电商用户画像系统[D].首都经济贸易大学，2018.

[22]陈豪，吴健.基于 Hadoop 和 Python 的多角度电影数据可视化分析[J].现代信息科技，2017，1(05):11-13.

[23]吴义. 基于 Hadoop 和 Django 的大数据可视化分析 Web 系统[D].东华大学，2016.